U0690503

家庭财富管理的
财产性收入增长效应
——基于理财市场数据的考察与分析

JIATING CAIFU GUANLI DE
CAICHANXING SHOURU ZENGZHANG XIAOYING
JIYU LICAI SHICHANG SHUJU DE KAOCHA YU FENXI

孙从海 / 著

西南财经大学出版社

图书在版编目(CIP)数据

家庭财富管理的财产性收入增长效应:基于理财市场数据的考察与分析/孙
从海著.—成都:西南财经大学出版社,2014.6
ISBN 978 - 7 - 5504 - 1479 - 2

Ⅰ.①家… Ⅱ.①孙… Ⅲ.①家庭财产—家庭管理—金融市场—研究—中国
Ⅳ.①F832.5

中国版本图书馆 CIP 数据核字(2014)第 144427 号

家庭财富管理的财产性收入增长效应:基于理财市场数据的考察与分析
孙从海 著

责任编辑	王　利
封面设计	墨创文化
责任印制	封俊川
出版发行	西南财经大学出版社(四川省成都市光华村街 55 号)
网　　址	http://www.bookcj.com
电子邮件	bookcj@ foxmail.com
邮政编码	610074
电　　话	028 - 87353785　87352368
照　　排	四川胜翔数码印务设计有限公司
印　　刷	郫县犀浦印刷厂
成品尺寸	170mm × 240mm
印　　张	13
字　　数	235 千字
版　　次	2014 年 7 月第 1 版
印　　次	2014 年 7 月第 1 次印刷
书　　号	ISBN 978 - 7 - 5504 - 1479 - 2
定　　价	48.00 元

1. 版权所有,翻印必究。
2. 如有印刷、装订等差错,可向本社营销部调换。

前　言

　　近些年来，有关财富管理的概念逐步进入社会公众的视野，引起了诸多讨论和研究。一种可能的原因是，伴随着中国经济三十几年的高速增长，家庭整体上的财富水平逐步提高，收入的来源不再仅仅局限于"按劳分配"的工资性收入，资产性收入在家庭收入中的比例逐年提高，甚至于在部分家庭中已经成为其收入的主要来源。资产市场的整体发展水平以及价格波动与家庭总收入水平和风险水平的相关性越来越大，家庭资产选择或家庭资产组合的重要性日益显现。另一种可能的原因是，中国资产市场的投资性产品日益丰富，品种千差万别，风险与收益各不相同，普通家庭的资产选择面临着信息与知识的约束，存在着一定程度上的选择难度或困惑，各类资产管理机构包括金融机构发现了一个巨大的市场，财富管理的理念与实践应运而生。

　　先说中国资产市场的兴起与发展。一个主流的实物资产市场当属房地产市场，是中国住房制度改革的衍生市场，值得观察与思考。有点看头的中国房地产市场大概兴起于 20 世纪 90 年代初，以海南省和广西北海市的房地产市场为典型代表，在迅速兴起、似乎一片繁荣时突然衰退，潮起潮落后见到了"裸泳者"的无奈与尴尬，当年的市场参与者到现在也许还心有余悸。现在想来，当年房地产市场的快速回落也不能全怪宏观经济政策的突然转向，市场参与主体受财富水平较低的约束，房屋购买力不足或市场需求不足可能才是当年区域性房地产市场"崩盘"的主要原因。最有看头的实物资产市场可能要算近年来的中国房地产市场。经过近十年的沉寂，21 世纪初期（大约在 2005 年）中国房地产市场进入了一个爆发式增长的时期，市场交易量价齐增的趋势到现在还没有见到转变的迹象，着着实实给中国的老百姓上了一堂财富管理的实践课。早期购房者的财富效应令其欣喜，部分家庭也因当初的犹豫不决而多少留下了一些遗憾。

　　再来看中国近年来金融市场的发展。对中国家庭财富管理有点影响力的金融市场是20世纪90年代初兴起的股票市场，当年有一定财富而且金融意识觉醒较早的"弄潮儿"参与其中。尽管中国股票市场也有潮起潮落、波澜起伏，但今天看来，中国第一代企业家的兴衰多少都与股票市场有点关系，说股票市场是中国早期部分家庭的"造富机器"之一并不为过，也许还承担者"买者自负或风险自担"的投资者教育的部分功能，提高着中国金融市场的效率。另外一个对中国家庭资产选择影响深远、值得观察与思考的金融市场是近年来逐步兴起与快速发展的金融理财市场，包括：商业银行理财产品市场、信托产品市场、基金市场、债券市场以及近期兴起的互联网金融理财产品市场等。此类理财市场的兴起与发展不仅使得中国家庭的资产选择和资产结构调整具有了一定的市场基础，而且，在中国目前的条件下，金融市场上存在的一定程度上的跨市场无风险套利机会也使得家庭增加资产性收入成为了可能。

今日之中国已经成为全球第二大经济体，人均国民收入水平也进入了中等收入国家的行列，如何避免掉入"中等收入陷阱"，尽快步入发达国家的行列，值得思考与研究。因此，除了设法提高家庭工资性收入外，如何创造条件以提高家庭资产性收入就具有了更为重要的现实意义，甚至已经成为了各级政府的执政目标之一。但是，处于经济转型时期的中国经济尚存在着某种程度的不确定性，加之中国家庭的平均财富水平还相对较低，面对着刚刚兴起而且变化莫测的资产市场，传统经济时期形成的惯性思维恐难很快改变，普通家庭主动性财富管理思维和习惯的形成可能还需要一个过程。对于普通家庭来说，尽可能借助于可获得的信息渠道，熟悉资产市场上各类资产的风险与收益属性，了解和跟踪各类资产市场的运行状况和未来趋势，掌握一些基本的资产选择和资产组合的常识和理念，可能不失为一条提高家庭资产性收入的有效途径。

基于以上简单的讨论与基本判断，本研究并不奢望得到多少经济学意义上的创新或突破，倘若部分章节中的只言片语对后来的研究者具有一些借鉴意义的话，那也只能算是意外之喜。本研究的主要目的在于，通过系统地梳理迄今为止国内外有关财富管理理论研究的文献，尽可能地为致力于财富管理理论研究的有关人员做一些资料上的准备；通过对家庭资产、财产性收入、财富管理等概念进行界定和解释，辅以对中国资产市场历史与现状的考察与分析，为普通家庭提供一些有关财富管理的基本理念与常识以及某些资产市场的基本信息和基本判断等。假如某些家庭通过阅读本书的有关内容而间接地获得了一些有助于提高其财富管理水平的专业知识的话，那可以算是对笔者的极大激励。

本书共分六章，具体内容如下：

第一章：财富管理与居民财产性收入研究文献综述。本章主要围绕财富管理、居民财产性收入与分配、家庭金融资产配置以及影子银行四条主线，尽可能系统地梳理国内外学者对此类问题的理论研究的有关文献与主要观点，为本书涉及的研究内容搭建一个知识平台，作一些经济理论上的准备。同时，更期望着能为致力于财富管理理论与实务研究的学者们提供一些文献的借鉴与资料的参考。

第二章：居民财产性收入及其分析。本章在界定居民财产性收入概念和梳理有关收入理论的基础之上，分析居民财产性收入的效应及其主要影响因素。主要内容包括：居民财产性收入概念及其理论基础、财产性收入与总收入之间的关系、提高居民财产性收入的效应分析以及居民财产性收入增长的影响因素。

第三章：家庭资产组合及其分析。本章在介绍现代资产组合理论及其发展的基础上，分析影响中国家庭资产组合调整的主要因素及其趋势，进而分析家庭金融资产组合调整对货币政策有效性的影响。主要内容包括：家庭资产组合概念界定及其理论基础、家庭资产的分类及其作用、影响居民家庭资产组合的因素、家庭资产组合的调整趋势以及家庭金融资产结构调整的货币政策效应。

第四章：中国家庭财富管理的主流模式与发展趋势。本章主要在梳理财富管理有关概念和理论的基础上，考察与分析迄今为止中国家庭财富管理的主流模式及其运作机制。力图揭开财富管理市场运行的神秘面纱，还原其本来面目。主要内容包括：财富管理概念界定及其内涵、现阶段中国家庭财富管理的主流模式。

第五章：中国财富管理市场考察与分析。考虑到市场参与主体的广泛性、市场认知程度以及市场交易规模的大小，结合中国财富管理市场的历史与现状，本章仅选取中国的金融资产市场进行一些必要的、粗线条的考察与分析。主要内容包括：债券市场兴起与发展的考察与分析、基金市场的考察与分析、银行理财产品市场的考察与分析以及独立第三方理财市场的现状考察与分析。

第六章：财富管理与家庭财产性收入的相关性分析。本章对四川省居民收入与银行理财产品市场发展现状进行考察与分析。想要说明的是，一个区域居民财产性收入尤其是金融资产的增长与该区域商业银行理财产品市场的发展具有某些正相关性，即是说，区域家庭财产性收入水平与该区域的金融业发展水平正相关。地方政府鼓励、支持本地金融业的发展，对于促进本地区域经济发展、提高区域家庭财产性收入水平，具有决定性的意义。这也是本研究想要达到的终极目标。主要内容包括：一个基础性的家庭金融资产调整理论分析框架、四川省银行理财市场发展状况与分析、四川省家庭财产性收入现状及其增长趋势、推进区域性银行理财市场发展的政策建议。

可以看出,尽管笔者已经做了最大的努力,结果仍然不完全令人满意。令人稍感遗憾的是,虽然笔者已从趋势上分析了家庭财产性收入增长与银行理财市场发展状况正相关,但缺少运用金融理论模型进行实证分析的严格证明,留下了需要进一步研究的空间。好在随着中国家庭资产和负债统计数据的不断完善和可获得性的不断增强,后续的研究可以继续跟进,弥补遗憾的机会并不缺乏。

目　录

第一章 财富管理与居民财产性收入研究文献综述

任何理论研究的兴起与发展都有其特殊的历史背景与演进路径，财富管理理论研究作为微观金融理论的一个分支，其兴起与发展的历史极为悠久，国内外学者对此问题的研究文献浩如烟海、精彩纷呈，但大多散见于各类论著、期刊甚至于新闻媒体中。尤其是中国财富管理市场的兴起与发展是近年来刚刚兴起的新生经济现象，国内学者对此现象的解释或研究尚处于理论引进与不断完善的初级阶段，系统的理论研究和结论的一般化尚未完全形成，理论研究的推进或发展需要一个知识平台。

本章主要围绕财富管理、居民财产性收入与分配、家庭金融资产配置以及影子银行四条主线，尽可能系统地梳理国内外学者对此类问题的理论研究的有关文献与主要观点，为本书涉及的研究内容搭建一个知识平台，作一些经济理论上的准备。同时，更期望着能为致力于财富管理理论与实务研究的学者们提供一些文献的借鉴与资料的参考。

第一节 财富管理理论研究兴起与发展的历史考察

从现有研究文献看，国内外学者对财富管理的研究大都集中在个人理财规划的各个方面（Gitman & Joehnk，1993；Bergquisst M. D.，1999），研究内容主要涉及财富管理业务的起源与发展以及有关概念界定，理财产品创新、财富管理品牌建设以及理财产品定价，财富管理业务模式、营销策略以及政策建议等方面。相关研究文献大致可归入以下几个方面：

一、财富管理业务的起源与发展

国外的私人家族理财机构出现于19世纪中期，那是一些专门为在工业大革命时期创造了巨大财富的家族服务的私人银行和信托公司，以瑞士为代表。20世纪70年代末期逐步发展起来的美国高端财富管理业务，大多属于综合性大银行和国际大投资银行（以下简称"投行"），其财富管理方式趋于激进，大量参与股票市场、外汇市场、信贷市场和衍生品市场，以追逐资本增值为目标。

20世纪80年代，随着西方国家信用环境的变化，商业银行逐步将它们的经营发展策略转向高净值人群，以代收代付业务、银行卡业务、保管箱业务、咨询业务为主的中间业务迅速崛起。90年代后期，财富管理业务已经成为主流商业银行重要的盈利性业务之一。

随着行业竞争者的涌入，现代财富管理业不仅在组织形式、治理结构、投资策略等方面发生了很大的变化，而且其市场结构也发生了变化，股份制商业银行和投资银行在业务规模上占据了主流地位；而为数众多的合伙制私人银行仍在行业中占据一定的比重，私密性和客户忠诚度使其保有一定的市场份额（林采宜、吴齐华、段丽媛，2012）。

中国的财富管理业务大致上起源于2004年，以中国境内的中资或外资商业银行发行银行理财产品为标志性事件。目前，参与的机构主要包括中资或外资商业银行、证券公司、基金公司、信托公司、保险公司以及种类繁多的非金融类财富管理机构。从业务模式上看，理财产品导向型的财富管理仍然是其主流模式，财富管理尚处在市场发育的初期，财富管理工具的金融技术含量亦有待提高。因此，客观上需要人们从金融理论的角度进行深入探索和研究（孙从海、翟立宏，2009）。

二、财富管理概念界定及内涵研究

目前大约有这样几种概念界定：

第一种：财富管理业务通常是指面向财富人群（家庭），为其可投资资产的保全、增值、配置诉求而提供一系列金融产品和服务。也有学者将财富管理对象直接指向高净值人群（家庭）（High Net Wealthy Individuals，HNWIs），例如投行的财富管理业务。中国台湾相关部门在《订定〈证券商办理财富管理业务应注意事项〉》（金管证二字第0940003314号）中将其定义为："财富管理业务系指证券商针对高净值客户，透过业务人员，依据客户需求，提供资产配置或财务规划等服务。"由于财富人群划分口径迥异，实践中"财富管理"、"私人银行"的概念或称谓经常并用、混用甚至等同（林采宜、吴齐华、段丽媛，2012）。

第二种：财富管理（Wealth Management）是在全面评估特定的高端私人客户各方面财务需求的基础上，提供有关现金、信用、保险、投资组合等相关管理及系列金融服务的综合过程。财富管理整合了私人银行（Private Banking）、资产管理（Asset Management）与证券经纪等业务。财富管理以客户为中心，通过分析客户财产状况发掘其财富管理需求，为其制定财富管理目标和计划，平衡资产和负债。具体包括：消费、收入与财产分析，保险、投资、退休计划，子女教育，税务策划及遗产管理等，以实现财富的积累、保护、增值及转移。在外延上可以包括对个人的财富管理和对企业的财富管理。作为当今商业银行发展的重点业务和利润增长的重要来源，财富管理具有三个显著特点：

（1）从业务的需求驱动来看，财富管理更应关注客户的需求偏好和风险偏好，满足客户资产增值保值和财富转移的需求；

（2）从产品的角度来看，财富管理强调的是全产品的服务整合，强调的是不同时期、不同阶段多元化财富的规划和管理，这种专业化的服务可以贯穿一个财富客户的终生甚至跨代；

（3）从客户关系的深度和广度来看，财富管理在服务的广度上强调综合性和全面性，在深度上强调亲密性和个性化（施峥嵘，2007；朱瑞珂，2010）。

第三种：传统的财富管理主要以资产管理为主，但未来可能对客户的负债进一步提供管理。银行财富管理需要面临网络风险的挑战、个人信用风险的挑战、流动性风险的挑战、金融创新风险的挑战等。此外，需要渠道创新、应用技术创新、金融产品创新、资产负债组合配置创新、个人信用风险管理体系创新、家族财富管理创新等。目前，中国财富管理面临着难得的发展机遇，也在某些层面存在着一些值得关注的问题。如中国的财富增长的环境与发达国家相比还有一定差距；由于分业经营，综合化金融服务程度有待提高；资本市场的发展和完善还有一个过程，特别是投资工具的创新还需要进一步加快。正因为如此，中国式的财富管理市场需要不断培育、建设和发展（张强，2009）。

第四种：财富管理就是为客户提供切实的计划，对相应的策略和行动提出建议，以帮助客户实现全方位的财务目标。北美以财富顾问为核心的财富管理模式已经相当成熟，在实际操作中有一套完整的体系和方案。北美的财富顾问们认为，建立一项业务拓展计划，成功运行一项业务的关键，就是创建一个行之有效的商业计划。所谓财富管理行为中的商业计划，就是指财富顾问按照经营公司的模式来开展业务，以公司运营的原则来指导业务实践。换言之，财富顾问按照自己业务的需要搭建团队，同时以公司治理的形式管理团队。财富顾问就是"公司"的心脏,他决定着整个系统的发展方向,而这一商业计划就是中国未来从事财富管理的人士最需要借鉴的地方(张光,2009)。

第五种:现代私人财富管理业务以现代私人银行的形式在瑞士起源,而在20世纪90年代盛行于美国,其参与机构既包括神秘的家庭办公室,也有由综合性银行经营、面向一般富裕阶层的财富管理事业部。目前,在北欧、美国等一些发达国家和地区,客户对财富管理有较为理性的认识,财富管理通常有明确的目标和操作流程,社会拥有良好的信用环境以及稳定的政治与金融环境,私人财富管理业务相对比较成熟(Merrill Lynch,2007;IBM european wealth survey,2005)。

三、财富管理研究的需求分析

改革开放之前,由于生产力水平落后以及传统的"吃大锅饭"计划经济分配观念,城乡居民收入除了满足日常消费以外,居民的私人财产很少,财产性收入更是几乎没有。但随着中国式财富管理的兴起,居民财富积累速度加快,规模不断扩大,财产分布状况已经成为理解当前收入分配特征及其动态变化的一个重要方面。自2008年爆发国际金融危机以来,中国政府提出"扩内需,调结构,保增长"等一系列政策措施。近年来,居民收入水平虽呈快速增长态势,但人均财富水平不高,且差距明显,致使消费乏力,已成为制约经济持续发展的瓶颈,客观上要求合理有效的家庭资产配置,促进家庭财富增值,提高消费水平,推动经济发展。目前看来,我国经济结构失衡、法律法规不完善、金融市场不发达等因素制约着居民对资产的有效配置(孙元欣,2007)。

四、国内外商业银行和财富管理机构的财富管理业务比较研究

有学者就中国香港商业银行个人理财服务兴起的背景、个人理财服务的功能和相关策略以及个人理财服务的内容等情况做了概括和介绍:第一,不断增强满足客户差异化理财需求的能力;第二,为客户提供全方位理财服务;第三,提高营销活动的针对性及其效率。对国内商业银行开展此项业务有一定的借鉴意义(陈继红、郑振欧,2003)。

也有些学者就国内商业银行个人理财业务发展状况及存在的不足以及外资银行争夺我国个人理财业务的经营战略及竞争策略进行了比较分析,提出中资银行要进一步拓展个人理财业务,使之成为新的利润增长点,应当通过业务创新、培育理财客户市场、重视理财营销策略、运用先进技术、培养专业人才等

对策和建议（孙桂芳，2002）。

目前，境外私人银行业务可供选择的产品非常丰富，国际财富管理机构普遍提供境外投资、IPO投资、对冲基金等，但在国内的发展前景还不是很好。这也意味着存在为理财客户开发一系列量身定制产品的好机会，主要包括三大类：①金融产品，包括信托工具、私募基金、公募基金以及"一揽子"保险计划；②理财顾问产品，包括理财教育、"一站式"金融顾问服务以及各种全权理财计划；③生活方式产品，包括通过银行获得的公司会员享受的专属俱乐部权利、紧急救援服务、全天候的娱乐和休闲活动等特色专属服务（Bruce Holley、邓俊豪，2007）。

国外关于个人理财的研究文献较多，外国一些学者提出在经营定位上必须转向"客户至上"，必须注意形成"服务的理念"和"营销的理念"，形成银行必须能够在任何时候（Anytime）、任何地方（Anywhere）以任何方式（Anyhow）为客户提供服务即所谓"AAA银行"的经营理念（Michael Brandt，2001）。欧美发达国家的现代财富管理是针对个人高端客户提供综合金融服务，欧洲财富管理市场的主要特征是遗产和继承占比最大，而美国财富市场的管理模式则是以产品的创新为落脚点（Times Finance，2010）。

五、对中国开展财富管理业务的建议

近年来，中国经济发展迅速，国民收入水平提高，富人数量及资产规模快速增长，金融市场不断完善，但发展观念滞后，缺乏战略规划，产品创新不足，制约着中国式财富管理的发展。合格的私人银行家团队是中国式财富管理业的稀缺资源，因此，客观上需要人们深入研究财富管理市场发展与业务创新。

财富管理必须具备以下特点：①强化客户关系，主动应对日趋复杂的客户需求；②多样化的金融产品；③专业的金融服务；④优秀的财富管理团队。

做好财富管理业务的关键因素有：①细分客户，准确理解和把握目标客户的性格需求；②提供全方位的客户解决方案；③培养人才并建立有效的销售服务体系，以此构建中国式的财富管理市场（顾生、章军，2008）。

依据国外财富管理市场经验，有学者指出，财富管理业务还可从以下几个方面展开：①组织架构是财富管理业务的基础；②深入了解目标客户的需求，设计产品及服务模式；③构建运营管理体系，组建前台销售和后台专家团队；④多样化的金融产品、专业金融服务、全权委托投资（Merrill Lynch，2007）。

国内有些学者指出，商业银行财富管理业务具有财富品种的多样性、长期性、管理科学化、客户高端化等特点。商业银行应该通过制定财富管理业务战略规划，建立高效的财富管理业务组织和信息支持系统，进一步壮大理财专家队伍，加快财富管理产品和服务开发。当然，商业银行应加速建立自己的财富管理中心，打造财富管理品牌和银行的商业信誉。财富管理中心的建立应体现"以客户为中心"的理念，有效整合前后台业务，为客户提供"一站式"服务（张立军、施峥嵘，2009）。

第二节　家庭资产配置领域的实证研究

一、家庭资产配置的影响因素研究

国外学者发现，家庭财富、性别、户主年龄、婚姻状况、教育程度、风险厌恶程度等均会影响家庭金融资产配置。美国消费者金融调查委员会（SCF）按以上各指标所做的调查显示：1995—2010 年间，美国家庭金融资产的四种主要持有形式一直未变，为退休账户、投资基金、股票和交易账户。其中，退休账户是美国家庭中最重要的金融资产持有形式，因为美国是典型的消费型国家，居民储蓄率不高（Shum &Faig，2006；Agnew，2003；Worthington，2009；Alessie，2002）。高房价、贷款压力、高地价和房屋市场的缺陷对家庭金融资产配置也有影响。

另外，保险对家庭资产投资决策也起了重要作用。欧洲各国在人寿保险上的投资偏好显示出较强的差异性。以 2010 年为例，瑞士在该项目上的配置比例最低，而同期英、法的配置比例则高至 52.2% 和 29.8%。各国保障策略和保障水平不尽相同，可能是造成各国配置水平高低迥异的原因。其中，最偏好人寿保险投资的国家是英国，比例一直维持在 50% 左右的高水平（Gormley，Liu & Zhou，2010）。

从国内学者的研究成果看，职业、受教育程度、党员身份是显著影响中国居民财产积累的因素。有人在研究中引入工资机制，分析发现家庭的工资收入与股票收益之间高度相关，具有高风险背景的家庭对风险资产的投资很少（梁运文等，2010；方丽敏，2013）。"过渡经济"与"二元经济"也是导致我国城乡居民家庭资产配置的目的及行为有别于其他市场经济国家的两个原因。二元经济结构一般是指以社会化生产为主要特点的城市经济和以小生产为主要特点的农村经济并存的经济结构。经济上的二元性是发展中国家从传统社会向现代化过渡的必然现象。现代化市场经济的发展必然带动居民财产性收入的增加（臧旭恒，2001；孙丹凤，2012）。

中国居民投资中的储蓄存款和股票所占的份额会随着财富的增加而增加，但是财富对于储蓄性保险持有比例的影响是不显著的；储蓄存款、股票和储蓄性保险市场的参与者持有这些资产的比例也不会显著地受到年龄的影响（史代敏、宋艳，2005）。总体而言，社会互动和信任都推动了中国居民对股票市场的参与。股市低迷造成的普遍性股票投资损失会降低社会互动的积极作用，而社会互动对低学历居民参与股市的正面影响更为明显。此外，高收入、高学历、高年龄的居民参与股票市场更积极（李涛，2006）；财富的增加显著地提高了居民参与股票市场的概率以及参与的深度，中国居民投资的"生命周期效应"并不明显（吴卫星、齐天翔，2007）。

目前，我国商业银行理财业务呈现了三个方面的整体特点：第一，人民币产品的投资价值显著高于外币产品；第二，股票、混合类产品的投资价值高于其他类别产品；第三，中资银行的人民币股票、混合类产品全面超过了外资银行，但是中资银行以数量取胜，外资银行更注重产品设计和适销对路，中资银行产品的收益和风险指标明显落后于外资银行（杨轶雯，2008）。家庭金融资产选择存在一定的生命周期效应，在所考虑的资产中投资股票的比例存在"倒U"形趋势，在50岁以下人群中随着年龄的增长而增加，但在50岁以上的人群中却有所减少，绝大部分老年人相对比较保守，风险金融资产配置很少（邹红、喻开志，2009）。

中国高收入群体个人理财认知度高，风险收益意识更强。高收入人群在保障性理财产品如储蓄、国债的选择上明显低于总体被访者，但是在高风险、高收益的理财产品上（如股票、基金），高收入人群的选择比例则明显高于总体被访者（赵燕，2009）。

家庭参与风险性金融资产投资的可能性和持有风险性金融资产的比重会随着财富的增加而上升，财富效应明显。劳动收入的提高也会增加家庭投资概率和投资比例。风险性非金融资产投资，也称为背景风险因素的房地产投资和实业投资，对家庭参与风险性金融资产投资的可能性以及家庭持有风险性金融资产具有明显的"挤出"效应，会降低参与风险性金融资产的投资意愿，减少持有风险性金融资产的比重。家庭风险性资产参与和投资比例的生命周期效应也比较显著，家庭参与风险性资产的可能性和持有比例会随着年龄先上升，在退休前后达到最高点，然后开始下降。户主受教育程度高、职业稳定、已婚的家庭持有风险性金融资产的概率和比重相对更高（姚佳，2009）。

二、家庭财富、负债等对家庭消费的影响研究

(一) 对家庭资产结构、资产与消费相关性的研究

黄静和屠梅曾利用 CHNS (China Health and Nutrition Survey, 2009) 家庭微观调查数据,选取拥有房屋产权的家庭为研究对象,研究了我国居民房地产财富与消费之间的关系,发现房地产财富对居民消费有显著的促进作用。他们研究了借贷对财富的影响,发现在净财富不变的情况下,借贷不仅增加了现金和负债,也增加了消费,在动态最优化中,消费与房屋债务正相关。

中国家庭金融调查发现,在家庭资产构成方面,金融资产的占比较低,非金融资产的占比较高,其中住房资产占有相当大比重;对农村家庭而言,住房是家庭总资产构成中最大的一块。具体而言,户均拥有金融资产 3.1 万元,占家庭总资产的比重为 8.2%;户均拥有其他非金融资产 12.3 万元,占比约 32.6%;户均拥有的住房资产为 22.3 万元,占比高达 59.2% (甘犁等,2013)。同时,国内学者利用奥尔多数据对我国城乡居民的家庭资产和负债进行了分析,发现高财富家庭的资产组合较为多元化,中低财富家庭的资产组合较为单一 (陈彦斌,2008;陈斌开,李涛,2011)。

(二) 对家庭资产负债表的研究

我国居民家庭资产的统计架构,可以构想为"家庭资产负债表"和"家庭资产分类统计"两种类型以及全国和各省市的分层统计两个层次。家庭资产负债表含资产占用(实物资产和金融资产)和资产来源(净资产和负债)两个部分。

基于家庭资产负债表,主要分析指标有:①家庭资产负债率(高风险或低风险);②家庭负债与净资产比率(家庭负债偿债能力);③家庭负债与可支配收入比率(负债负担程度);④家庭净资产与可支配收入比率(高储备或低储备);⑤股权价值占家庭总资产比率(家庭风险资产的投资状况);⑥股权价值占金融资产比率(家庭金融资产的风险投资状况);⑦家庭净资产总量和结构变化(不同类型的家庭趋于富裕或贫穷)。

可以开展的研究分析有:①总量和户均家庭资产分析;②家庭资产的结构分析;③可支配收入与家庭资产的关系分析;④家庭风险型投资分析;⑤家庭净资产的增量分析等。从中可以考察我国和地区家庭资产的总量变化、净资产和负债的结构变化以及家庭投资偏好。

由于我国人口众多,而且人们一般不愿透露家庭资产状况,所以家庭资产负债表的数据采集,难以通过抽样调查的方法获取,但可以通过产业经济数据

整合的方式获取，即从各个产业的运行中获取总量数据（孙元欣，2006；李建军、田光宁，2001）。

目前，国内家庭资产统计存在四个问题：①家底不清，缺乏家庭资产总量和结构的统计数据；②内容不完整，抽样点差仅涵盖城市居民家庭金融资产或净资产，没有家庭负债；③统计管理不协调，缺乏相应的协调机制；④数据采集方法单一，主要采用抽样调查的方法。而国际上居民家庭资产的统计模式，大都拥有不同类型的家庭资产统计制度，包括统计内容、统计报表、统计分析指标和主管机构等（甘犁、贾男，2013）。

三、家庭资产配置研究

尽管家庭参与股票市场的程度都有所上升，但国别差异显著存在。在被考察的所有西方国家中，除去住房投资外，家庭金融资产组合中主要包括安全或者相对安全的金融资产，这种现象即使在美国以及英国这样的股票市场发达国家中都是普遍存在的，在其他国家则更加显著。研究结果表明：第一，美国、瑞典、英国比法国、德国和意大利的家庭参与股票市场的程度要高很多（Guiso、Haliassos、Jappelli，2002）；第二，年龄、财富、收入风险、进入成本和信息成本显著影响美国的股票市场参与者（Bertaut、Carol、Martha，2002）。统计结果显示，尽管美国存在着高度发达的金融市场以及品种繁多的金融产品，但1998年仅有不到一半的家庭通过一定方式持有股票，家庭金融资产组合仍相当简单和安全。主要包括：支票账户、存款账户和延期付税的个人退休账户；即使在存在股权溢价的情况下，美国家庭仍然有75%的家庭没有投资股票（Haliassos、Carol，1995）。

家庭金融资产组合与生命周期相关。第一，理论研究认为：在相对风险厌恶程度递减的假设下，更富有的人或者年轻投资者应当把其更多资产投资到风险资产中去，而人力资本相对欠缺的投资者则应当减少对风险资产的投资（Gollier，2002）；第二，实证结果显示：美国、英国、意大利、德国以及荷兰的家庭参与风险资产市场的比例随着年龄的增加而呈现为"钟形"，无风险资产市场的参与比例呈现为"U形"，与理论研究的结果一致；而对于风险资产市场参与者，资产组合生命周期效应的实证研究却没有统一和明确的结论。一种结果是，找不到任何证据支持在投资组合中股票随着年龄增加而逐渐减少的结论，人们并不会随着年龄的增加而逐渐减少股票在流动性资产中的份额（Ameriks、Zeldes，2005）；另一种结果是，股票占流动性资产的比率随年龄的增加而缩小；如果在流动性资产的基础上再加入不动产、私人产业和信托资产，那么股票与这类资产的比率随着年龄的增长是不变的；如果在上一类资产的基础上再加入人力资本和养老金收入，那么股票与这类资产的比率随着年龄的增长反而是增加的（Heaton、Lucas，2000）。

富人的投资组合之谜。研究结果表明：第一，富有家庭比其他家庭的储蓄率更高（Carroll，2000；Dynan、Skinner、Zeldes，2004；Gentry、Hub-bard，2000；Huggett，1996；Quadrini，1999），即富人的消费倾向更低；第二，富有家庭的投资组合严重地向风险资产倾斜，特别是投资于他们的私有企业（Carroll、Chris，2002）。

家庭的股票投资行为。第一，家庭持有股票比例的分布呈现明显的双峰形，即已婚的投资者、高收入的投资者以及工作资历更长的投资者，持有股票的比例更高；而年龄大的投资者，持有股票的比例则更低（Agnew、Balduzzi、Sundén，2004）；第二，家庭面对股票市场的下降趋势并没有大量卖空或者退出市场的过激反应，即存在着明显的"处置效应"，家庭投资组合惯性与家庭特征相关（如低教育水平或有限的信息资源），但很少与股价指数的波动相关（Bilias、Georgarakos、Haliassos，2008）；第三，家庭金融资产组合具有稳定性或变化不频繁性，即家庭资产组合在相当长的时间内不变（Ameriks、Zeldes，2005）；第四，没有任何证据支持投资组合中股权随着年龄增加而逐渐减少这一结论，但年龄大的家庭存在着在提取养老金期间完全退出股票市场的趋势（Ameriks、Zeldes，2005）；第五，家庭金融资产组合调整的重要因素是惯性而非财富的变化（Brunnermeier、Nagel，2005）。

研究发现，提高居民收入，鼓励金融工具创新，健全社会保障体系，规范发展资本市场，普及居民投资教育等比较有建设性。中国家庭金融资产配置优化的实施原则：市场化与政策化兼顾原则、收益与风险并存原则、差异化原则。坚持实行这三项原则拉动经济增长，缩小差距，保护投资者利益，实现家庭金融资产增值（刘楹，2007；阮冉冉，2009；方丽敏，2013）。此外，有外国学者提出，经济增长促进家庭财富的积累和资产配置结构的优化，完善的法律体系、信用体系、社会保障会推进家庭资产配置向合理化发展，提高金融深化程度有利于资产配置多元化和消费水平提升（Bertaut，1998；Kahneman，2012）。

第三节　基于财产性收入内涵和分配视角的研究

一、居民财产性收入概念界定及内涵研究

一般而言，财产性收入是指通过资本、技术和管理等要素与社会生产和生活活动所产生的收入。包括家庭拥有的动产（如银行存款、有价证券、收藏品、车辆等）、不动产（如房屋、土地等）所获得的入。例如，出让财产使用权所获得的利息、租金、专利收入等；财产运营所获得的红利收入、财产增值收益等。而按照国家统计局的统计指标解释，财产性收入是指金融资产或有形非生产性资产的所有者向其他机构单位提供资金或将有形非生产性资产供其支配，作为回报而从中获得的收入。其中包括银行存款获得的利息、出租房屋获得的租金、购买债券获得的债息、购买股票获得的股息或红利等。长期以来，人们通过将自己的动产和不动产进行交易、出租等方式来获得财产性收入。但是，随着时代的发展和金融产业的成熟，储蓄、股票、债券、保险、理财产品等金融产品成为了财产性收入的主要来源（周荔，2007）。

财产性收入具有与其他收入不同的特点：①拥有财产是获得财产性收入的前提，财产与财产性收入之间是相辅相成的关系。②财产性收入是财产所有人通过行使对自己财产的占有权、使用权、收益权、处置权等权能，而获得的相应收益。要获得财产性收入，财产所有权人必须具有可以自由支配其财产的权利。③财产性收入与工资性收入和经营性收入不同，它来源于非生产经营所得，是财产的衍生物。由于财产增值的特点，它不需要获得者花费全部的工作时间和精力，却往往能以几何级数的规模增长（谭伟，2009）。

随着我国经济持续快速增长以及收入分配形式的变化，居民财产性收入大幅增加并在其总收入中所占比重越来越大。2011年全国城镇居民人均财产性收入为648.97元，比2000年增长4.06倍；在城镇居民人均可支配收入中所占比重，由2000年的2.04%上升到2011年的2.98%。在居民财产性收入增加的同时，城镇居民与农村居民人均财产性收入的差距由2000年的83.34元扩大到2011年的420.40元。财产性收入差距会加剧我国业已存在的贫富差距，不利于实现共同富裕的目标（冷崇总，2013）。

对于居民财产性收入，外国一些学者就"居民怎样支配自己的收入"这一主题进行了研究，共调查了三个问题：跟社会公众相比，居民的负债和储蓄是怎样的？与其他居民相比，高层次富翁的财产选择是怎样的？那些机构是怎

样帮助居民作出个人财产决策的？调查结果表明，居民债务高于社会公众，而储蓄则低于社会公众；当居民有资格获得递延税项的退休计划时，他们会为退休存更多的钱；各研究机构应对居民的财富管理给予更多关注（Joel M. H.、Teichman、Patricia P. Cecconi，2005）。

居民财产性收入是居民收入的重要组成部分。近年来，虽然中国居民财产性收入大幅增加，但其差距呈扩大趋势，主要表现为城乡居民之间、不同阶层居民之间以及不同区域居民之间财产性收入差距持续扩大。导致居民财产性收入差距扩大的原因主要是居民拥有财产的不同、区域经济发展不平衡、市场体系及机制不健全、市场经济制度不完善以及居民个人禀赋差异等。要缩小居民财产性收入差距，必须理顺分配关系、促进经济发展、完善市场体系、加强制度建设、提高居民素质（秦交锋，2007）。

二、财产性收入与贫富差距的相关性研究

国内外学者对居民财产性收入及多方面来源的收入进行了较为系统的研究。许多学者认为：

（1）财产是导致收入差距的主要原因。财产性收入分配不平等是造成社会问题的一个根源。收入方面最大的不平等来源于所继承、所获得的财富的差别，在收入金字塔顶端的人的大部分金钱都是从财产性收入中获取的（萨缪尔森，1948）。

（2）因为有交易费用的存在，富人借钱的利息率一般比穷人借钱的利息率更低，相差几个百分点可谓常态。而如果穷人要借高利贷，其差距就变得惊人了。穷人借钱难，是因为存在信息成本与监管还钱的费用。非法的行为姑且不论，富人借钱远比老百姓借钱的利率低，会增加贫富分化的机会。而且，也因为交易费用的存在，富有的人可以借较多的钱，他们因而有较多的投资选择。我们不能说富人投资一定赚钱，也不能说富人的投资眼光一定比不富有的高明，但前者因为利率较低而扩大了投资的选择范围，消息也因而比较灵通了。最重要的是，富人因为利率较低而会多持有其自身劳动力之外的其他资产，这些资产升值带来的收入上升是资产持有者的劳动力之外的收入（张五常，2013）。

（3）从计算典型消费者收入和消费轨迹中估计出有 80% 的家庭财富被继承。欧洲的财富源泉中，遗产是重要的一块，遗产继承是居民财产增长的重要影响因素。由于很多财富是两三代以前的人创造的，目前的增长比较缓慢——这点也反映在高净值人士的数量和资产发展趋势上：其人群和金融资产占比近

年来没有增长，反而均呈现下滑趋势。正是由于"继承式"的财富创造和拥有者年龄等因素，财富管理客户的风险承受能力比较有限，高端客户害怕得到的财富出现流失，因此较重视资产安全。继承、税务和养老金规划是财富管理的重要市场（Laurence Kotlikoff、Lawrence Summers，2005）。

（4）大多数第三世界国家个人收入分配极不平等的终极原因在于极不平等和高度集中的资产所有权模式，银行所有权结构是影响银行道德风险的重要因素之一。国内银行所有权结构的缺陷是导致银行业不良资产居高不下的重要原因，因此，改革银行产权结构对防范和控制我国银行道德风险，稳定银行业具有重要的意义。银行不良资产率较高是影响银行业稳健经营的主要因素，而银行道德风险是引致和增加银行不良资产的重要原因。因此，防范银行道德风险是保障银行业稳健经营的重要方面。

一般而言，德日模式商业银行（股权相对集中）的经营策略比美英模式商业银行（股权高度分散）的经营策略要更为稳健。但是，在银行经营陷入困境时，美英模式商业银行和德日模式商业银行的道德风险与机会主义表现都会大大加强。中国国有商业银行（股权高度集中）有所不同，银行道德风险与机会主义"隐匿"于银行的日常经营业务中。当银行处于不利局面时，银行经营反而可能会趋于保守、谨慎，这正是我国国有商业银行不良资产率居高不下的重要原因之一（托达罗，1992；刘兆征，2009）。

三、中国家庭财产性收入问题研究

（1）财产性收入规模有限，所占比重很低。尽管近年来中国居民财产性收入增长幅度大大高于总收入增长幅度，但无论从绝对规模还是从占总收入的比重看，都还处于很低的水平。从2002—2007年城镇居民各项收入及比重数据发现，在构成居民家庭总收入的四项收入（居民财产性收入、可支配收入、工薪收入、转移性收入）中，财产性收入最低，而美国居民财产性收入占比则为40%左右（古家明，2007）。

（2）获得财产性收入的途径较少。从我国居民的财产性收入来源看，与房屋财产占居民家庭财产比重最大相对应，房屋出租收入占了很大比重，约占全部财产性收入的一半，这说明我国居民获得财产性收入的渠道还比较少。目前，在我国的资本市场，股票和基金占主导地位，相比于发达国家居民，投资渠道和理财产品比较单一。而在美国，除了股市和自主投资实业之外，债券、信托、资产证券化等市场都非常发达，尤其抵押贷款证券化是美国最大的资本市场。美国居民不仅可以进入股票市场投资，还可以进入债券、信托、资产证券化市场进行投资理财；同时，各市场中的金融理财产品非常丰富，比如产业投资基金、房地产投资信托、土地信托等，获得财产性收入的途径较多（程学斌、陈铭津，2009）。

（3）财产性收入分布不均，增长呈现出严重的不均衡态势。①从拥有财产性收入的层次来看，财产性收入更多地流向高收入群体；②从地域分布来看，居民财产性收入主要集中在城镇居民家庭；③从地区分布来看，居民财产性收入更多地集中在东部地区（英竹，2007）。

四、中国居民财产性收入特征及原因分析

（一）中国居民财产性收入特征分析

（1）财产性收入增长迅速，比重不断提升。根据 2003—2008 年《中国统计年鉴》数据，2002—2007 年，城镇居民财产性收入的绝对量由 2002 年的 102.12 元持续增加到 2007 年的 348.53 元，年均增长率 19.41%；农村居民的财产性收入的比重由 2002 年的 2.0% 持续增加到 2007 年的 3.1%。

（2）财产性收入来源多元化，结构有了较大变化。过去我国居民财产性收入结构单一，以利息、红利收入为主。近年来随着投资渠道的增多，居民获取财产性收入的方式也趋于多样化，扩展至利息收入、出租房屋收入、股息与红利收入、知识产权收入和其他财产性收入等，财产性收入来源结构发生了较大的变化（古加明，2009）。

（二）中国居民财产性收入变化的原因分析

（1）城乡居民收入增加，恩格尔系数下降，促进了居民积蓄增多、财产性收入增加。近年来，中国经济快速发展，为居民增加财产性收入提供了物质基础和投资环境。随着经济的发展，居民的就业机会增多，劳动报酬增加，财富基础也随之增加，社会财富增长较快，城乡居民收入快速增加（高鸿业，2012）。

（2）相关政策和制度的出台，推动和保障了居民财产性收入的增加。党的十六大以来，中国共产党和中央政府提出了建设社会主义新农村的战略部署，采取了一系列的惠农政策和措施，让更多的农民脱贫致富，农民收入大幅增加。党的十七大首次提出了"让更多的群众拥有财产性收入"，更加明确地为更多的群体实现财产性收入提供了政治保障（张世伟，2008）。

（3）房地产市场和股票市场等的快速发展，引起了居民收入结构的变化。首先，由于住房制度改革，房地产市场迅速发展，城镇居民的自有住房不断增多，住房私有率迅速上升。根据经济学理论，房价是未来房租的贴现值，城镇

居民私有房的增多、房价的上涨必然使房租收入增加，带给居民更多的房租收入。目前，出租房屋收入已成为财产性收入中的最大组成部分。其次，股票市场的快速发展，促进了股息和红利等形式的居民财产性收入的增加（De Grauwe、Paul，2009；刘吕科，2012）。

五、居民财产性收入及其制约因素研究

（一）经济政策影响居民财产性收入

影响居民财产性收入的经济政策主要包括：税收政策（包括改变税基、税率级次、直接税和间接税税率和补贴）、养老金和公共保险系统的管理等公共财政；土地改革（如自愿协商土地转移）、财政部门改革（如提供小额信贷、规范银行部门）等结构性改革；财政政策、货币政策、汇率政策等宏观经济政策。货币政策可通过提高或降低法定准备金率、开展公开市场业务等，财政政策可通过提高或降低税率等，来间接地增加或减少居民财产性收入（Bourguignon、Dasilva，2003）。

（二）初始财富水平、税收影响收入分配格局

居民要有财产性收入就先要有财产。财产的关键因素有两点：一是可支配收入和纯收入在支出后有积累，如储蓄性结余等；二是其收入结余的积累量具备市场准入条件。随着国内经济的持续高速发展，我国居民收入水平有了大幅度的提高。因此，个人初始财富水平对居民财产收入的分配格局有很大影响。同时，研究发现，引入财产税可以缩小收入差距并促进经济增长。按比例征收财产税，高收入人群所缴纳的税收多，低收入人群所缴纳的税收少，相对缩小了收入差距（Bruun，2000）。

（三）居民财产性收入增长具有积极的社会意义

财产性收入的增长使个人更加意识到个人利益对国家发展的依赖，增加居民财产性收入有利于进一步完善我国以公有制为主体，多种所有制经济共同发展的经济制度，有利于维护社会的公平和正义（姜晶、姚荣东，2009）。同时，财产性收入增加可能会导致贫富差距扩大，财产性收入对全社会收入差距的影响将取决于其分配的平等程度。一般而言，居民财产占有和分布不均衡，拥有财产越多、投入越多，财产性收入也越多。所以财产量的悬殊既是贫富差距大的表现，同时也是导致贫富差距的重要原因。

我国居民财产分布存在严重不均，巨大的财富差距会造成"富者愈富，穷者愈穷"的马太效应，在收入差距过大和财产差距过大之间形成一种恶性循环关系。居民财产结构单一、财产结构层次相对较低，大大影响了居民财产

性收入的渠道多元化和绝对量的提升（袁文平，2009；李实，2007）。

（四）市场体系建设影响居民财产性收入

（1）市场分割影响财产交易。市场分割有自然分割和人为分割两种。两种市场分割都会导致交易成本提高，都会对财产性收入分配产生一定的不利影响。从前者看，资本不能完全按照价格机制在整个资本市场处于均衡的状态下获得收益；从后者看，由于国有和集体土地所有权和产权的不平等，分割了土地市场，使得土地的所有者获得的收益不同。

（2）市场体系不健全，尤其是金融市场发展滞后影响了居民财产性收入的提高。农村金融市场的弱势状态无法为农民获得财产性收入提供有力的金融支持；证券市场发展滞后，使居民的财产性收入波动较大；个人投资理财市场滞后，难以满足居民多样化的投资需求（任太增、王现林，2008）。

（五）制度建设影响居民财产性收入

（1）土地制度不完善对农民收入增长的制约。按照相关法律的规定，农村土地属于集体所有，农民仅有不完整的土地使用权和收益权，土地占有权和处分权都归属于集体。这就决定了农民完全无法参与到土地增值收益的分配环节之中，无法分享土地的增值部分（汪利娜，2009）。

（2）社会保障制度不完善，抑制了农民的投资愿望。

（3）收入分配制度不合理，影响居民收入增长。国民财富在国家、企业和居民间的分配制度不尽合理，造成居民收入增长缓慢，占国民收入比重偏低，制约了居民家庭财产的积累，使居民的财产性收入缺乏雄厚基础。

（4）财税制度对居民财产性收入的制约。一是财政投资体制安排上的"城市偏向"。二是个税起征点偏低，导致工薪阶层以及中低收入者成为被课税的主力群体（王海滨，2012）。

六、增加中国居民财产性收入的政策研究

（一）增加居民收入，夯实居民财产性收入的基础

（1）通过促进经济发展、扶持全民创业来增加居民收入。要让居民拥有财产性收入，首先就要让他们拥有财产。居民拥有财产的规模和增长速度是以经济发展水平为基础的，唯有保持经济平稳较快发展，才是增加居民财产性收入的重要保证。因此，增加居民财产性收入的首要条件是促进经济又好又快发展。

（2）通过调整分配关系来提高居民收入。由于劳动收入是绝大多数居民的主要收入来源和财产积累源泉，因此，增加劳动报酬收入是提高居民财产性

收入的主要途径。近年来，在我国国民收入初次分配过程中，国民收入向企业和政府倾斜的势头较为显著，体现出较大的不公平性（曾为群，2008；秦交锋，2007）。还是需要加以纠正的。

（二）缩小收入差距，扩大财产性收入的群体

（1）统筹城乡发展，努力增加农民收入。要消除城乡居民收入差距，必须统筹城乡发展。统筹城乡发展，最主要的是要加快农村发展，尽快提高农民的收入。为此，一要发展现代农业，提高农业劳动生产率；二要进一步推进农业劳动力的转移，提高农业劳动力生产率。

（2）"调高"与"保低"并举，缩小居民收入差距。"调高"，即调节过高收入，通过经济的、法律的手段，对部分过高收入者加大调节力度，缩小再分配后的收入差距。"保低"，即保障困难户和最低收入群体的基本生活来源。政府应完善和落实好城镇居民最低生活保障制度，落实好最低工资制度，加大转移支付力度（王婷，2012）。

（3）加强调控，有效控制地区收入差距。中央政府应通过财政转移支付和增加直接投入，在各方面对欠发达地区给予直接支持，扶持欠发达地区区域经济的发展，同时地方政府必须提高对实现区域经济协调发展重要性的认识，增强促进区域经济协调发展的自觉性（任净、赵亚静，2009）。

（三）发展和完善市场，增加财产性收入的渠道

完善的市场体系可以为居民的财富搭建多渠道的资产流动平台，进而能为更多的居民提供增加收入的机会。

（1）大力发展债券市场。国家重点建设项目、基础设施和重大科技工程可通过发行建设债券筹集资金，这也能让更多群众分享优质资产的收益。要建立以机构投资者为主导的多层次的企业债券市场。国际经验表明，多层次的企业债市场是保证其流动性的重要条件。

（2）积极发展外汇市场。加强外汇市场自身建设，培育货币经纪公司，引入更多的非银行金融机构和非金融企业进入银行间外汇市场，促进外汇供求结构的多元化；放松外汇管制；适时推出外汇期货，不断完善外汇市场价格发现、资源配置和避险服务的功能（薛艳丽，2008；Frederic L. Pryor，2006）。

（3）加快农村金融市场建设。要拓展农村金融机构业务种类，丰富金融产品，增加专为农民服务的金融理财项目，让更多的农民也能拥有财产性收入。

（4）进一步加强股票市场监管。完善并创新监管工具，健全运作制度，构造监管与自律结合的动态监管系统，从而构建集中统一、严格、高效、有力

的监管体系，保证股票市场的积极稳妥发展（刘江会、唐东波，2010）。

（四）改革和健全制度，创造居民财产性收入增长的条件

（1）明晰农村土地产权，探索土地流转形式，加快土地流转进程。首先，要明确界定国家作为土地终极所有者的权能。第二，要探索土地流转形式，加快土地流转进程。

（2）保护农民住房权益。农民的房屋财产仍不能进入房地产市场顺利流通，应尽快修改、完善有关法律法规，使农村集体土地上所建私宅能够合法、有序地买卖（万广华，2004）。

（3）健全社会保障制度。要提高保障程度，一方面使得低收入阶层能积累财产，另一方面也可以让低收入阶层参与资本市场获取财产性收入，提高风险承受能力，从而获取更多的财产性收入（徐古明，2007）。

（五）强化投资理念，普及理财知识，提高增加财产性收入的能力

有关部门和新闻媒体应积极创造条件，增强服务意识，不断加大宣传和引导力度，组织经常性的居民投资理财知识培训和宣传，更新居民投资理财观念，营造全社会重视理财的大环境。鼓励居民有序开展投资，敢于和善于参与风险性投资，减少投资的盲目性，引导居民多渠道理性投资（张旭东、韩洁，2007）。

第四节　影子银行、互联网金融与货币政策有效性研究

一、影子银行概念的提出与发展研究

从 20 世纪 70 年代开始，随着诸多国家金融管制的放松以及金融技术与网络技术的革命，全球金融体系发生了显著的变化，美国金融体系更是发生了一场巨大的革命。这场革命主要表现为由传统银行信贷方式向新的信贷方式转变。这次美国信贷市场的革命，使传统的以"零售并持有"为主的银行模式改变为以"创造产品并批发"为主的新的银行模式，从而使全球信贷金融从传统银行主导的模式演变为隐藏在证券借贷背后、类似于一个"影子银行（Shadow Banking）体系"的金融制度安排。这种信贷融资体系没有传统银行的组织结构，却行使着传统银行信贷运作的功能，即如影子一样的银行（汉妮·桑德尔，2011）。影子银行的产生并非某种单一因素所致，而是现实经济生活中一系列事件共同作用的结果（葛奇，2008）。影子银行起源于国家严格控制金融导致正规金融不能满足经济需要，使得"影子银行"以非正规金融

的形式提供资金。美联储主席伯南克将"影子银行"定义为除接受监管的存款机构外，充当储蓄转投资中介的金融机构（杨旭，2012）。中国的"影子银行"体系起源于民间借贷，发展于企业间拆借市场，将来可能形成于资本市场。

影子银行就是把银行贷款证券化，通过证券市场获得信贷资金、实现信贷扩张的一种融资方式。它使传统的银行信贷关系演变为隐藏在证券化中的信贷关系。这种信贷关系看上去像传统银行但仅行使传统银行的功能而没有传统银行的组织机构。在影子银行中，金融机构的融资来源主要依靠金融市场的证券化产品，而在传统的银行体系中，融资的来源主要是存款。影子银行最为主要的证券化产品就是住房按揭贷款的证券化，当然也包括资产支持商业票据、结构化投资工具、拍卖利率优先证券、可选择偿还债券和活期可变利率票据等多样化的金融产品（易宪容，2009）。

影子银行的基本特点可以归纳为以下三个：其一，交易模式采用批发形式，有别于商业银行的零售模式。其二，进行不透明的场外交易。影子银行的产品结构设计非常复杂，而且鲜有公开的、可以披露的信息。其三，杠杆率非常高。由于没有商业银行那样丰厚的资本金，影子银行大量利用财务杠杆举债经营（巴曙松，2009）。影子银行的类型：银信合作、企业转贷、民间借贷、海外贷款贸易融资创新，等等（杨旭，2012）。

中国影子银行最窄口径只包括银行理财业务与信托公司两类；较窄口径包括最窄口径、财务公司、汽车金融公司、金融租赁公司、消费金融公司等非银行金融机构；较宽口径包括较窄口径、银行同业业务、委托贷款等表外业务、融资担保公司、小额贷款公司与典当行等非银行金融机构；而最宽口径包括较宽口径与民间借贷。

中国影子银行主要包括三种：一是不持有金融牌照、完全无监管的信用中介机构，包括新型网络金融公司、第三方理财机构等；二是不持有金融牌照，存在监管不足的信用中介机构，包括融资性担保公司、小额贷款公司等；三是机构持有金融牌照，但存在监管不足或规避监管的业务，包括货币市场基金、资产证券化、部分理财业务等（国办发〔2013〕107 号文）。

二、互联网金融概念的提出与发展研究

随着以互联网为代表的现代信息技术，特别是移动支付、大数据、搜索引擎、社交网络和云计算等的发展，诞生了诸多基于互联网的金融服务模式，将对传统金融模式产生根本性的影响，为金融市场带来了许多全新的课题（参见中关村互联网金融行业发展报告，2013）。尤其是中国加入 WTO 以后，网络银行业务正在接受着来自全球银行业的严峻挑战，经过网络革命洗礼的外资银行进驻中国市场后，已经开始在电子化、网络化方面捷足先登。作为信息网络技术与现代金融相结合的产物，网络金融的出现将对中国现行的金融组织体系形成强烈的冲击，不同金融机构的差别分工将日趋淡化，混业经营将成为一种必然的发展方向，金融监管体系也将面临全新的问题和挑战。

互联网金融产品的特点是突破了时间和空间的界限，这是现在一般的物理网点做不到的。互联网金融中级形态就是互联网货币，其三大支柱是信息处理、资源配置、互联网金融支付系统（万建华，2013）。当前互联网金融的六大模式：第三方支付、P2P 贷款模式、阿里小贷模式、众筹融资、互联网整合销售金融产品、互联网货币。互联网金融有两个底线是不能碰或者是不能击穿的，一个是非法吸收公共存款，一个是非法集资（谢平，2013）。

三、影子银行与经济增长的相关性研究

"2010 年中国非公有制经济发展论坛"透露的信息表明，目前我国中小企业总数已占全国企业总数的 99% 以上，创造的最终产品和服务价值相当于国内生产总值的 60% 左右，在繁荣经济、推动创新、扩大出口和增加就业等方面发挥了重要作用。不可否认，影子银行的增长为我国中小企业的发展提供了良好的融资环境，促进了经济的增长（朱宏任，2010）。

在注意到影子银行发展对经济发展有一定促进作用的同时，也应该注意到快速发展的影子银行可能引起中国实体经济的"空心化"。由于影子银行业务的非正规性，其提供的资金价格更高一些（至少高于银行信贷利率）。不断抬高的资金价格将影响实体经济的经营，甚至造成金融投资挤压实体投资的局面，引起社会实体经济"空心化"。影子银行业务也可能影响市场取向的经济转型。一方面是正规金融活动，另一方面是影子银行开展的非正规金融活动，这种"二元"金融结构带有很鲜明的金融转轨过渡色彩，这种国家管制与市场机制混合并存的状况肯定难以避免"双轨制"的各种弊端（马克·高洛夫，2011）。

影子银行在经济发展过程中起到了"双刃剑"的作用。一方面，其灵活的再融资功能能够促进经济体中中小企业的快速发展；另一方面，一旦遇到经济衰退或对手风险问题，由于这种风险的传递作用，对经济的负面冲击不容忽视（陈剑，2012）。

四、影子银行的信用创造功能研究

信用创造是经济发展的充分条件之一，在中央银行出现后也成为货币政策的主要调节对象。金融中介就是有限存款准备金制度下的信用创造，它能将储蓄者与投资者联系起来（Mises，1971）。影子银行具备与商业银行平行的信用创造或货币供给机制。从全社会资金环流角度看，影子银行体系的大部分资金不会像企业获取贷款资金后再次回流存放至商业银行形成存款货币；从功能角度看，影子银行机构具有合法和独立的吸收、配置资金的权利以及结构化的现金流匹配能力；从形式角度看，影子银行机构具有独特的融资结构、资金流向和用途（周莉萍，2011）。

以金融产品为中心的证券化影子银行体系信用创造机制，不同于存款融资，影子银行体系主要依赖于货币市场短期或超短期融资。为影子银行机构提供资金来源的存款性机构是货币市场基金等机构，它们通过发行典型的与商业银行存款具有竞争性的金融理财产品获取资金（Gorton and Metrick，2009）。影子银行体系与商业银行信用创造的区别在于，存款性影子银行机构存款的方式多是短期或超短期货币市场工具。同时，影子银行机构再抵押融资的期限也是短期。所以，影子银行体系获取的收益来自抵押品价值看涨带来的融资规模增长收益，而不是固定资金的时间价值。私人信用支持的融资杠杆和融资规模是影子银行资产负债表扩张的关键。因此，影子银行机构信用创造体系有其自由的特征（王国刚，2010）。

影子银行体系信用创造的宏观效应：强化了商业银行的货币供给能力；对货币市场产生影响：扩张的货币政策伴随着不断上升的名义利率，即所谓的"流动性之谜"（Liquidity Puzzle）（Eichenbaum，1992）。影子银行体系的信用创造缺陷：影子银行体系运行的薄弱环节是抵押品管理；抵押品管理的证券是最后贷款人思路（周莉萍，2011）。

五、影子银行与货币政策有效性研究

影子银行的发展同时又会影响中央银行货币政策的有效性。由于处于银行监管范围之外，其对外放款有较大的灵活性。当中央银行为抑制通货膨胀、控制投资过热而提高借贷基准利率时，在高利润的驱使下，委托贷款和信托贷款等规模就会迅速扩张，紧缩货币供给就无法达到预期目的。同时由于影子银行这种额外的贷款供应者的存在，中央银行制定的贷款规模的限制效果也受到影响（张晓龙，2012）。影子银行干扰货币政策的执行。影子银行超出了传统货

币政策和监管政策的范围，对金融调控和监管提出了挑战。高速发展的影子银行增加了资金流动，对国家宏观调控形成对冲，影响宏观调控效果（杨旭，2012）。

中国影子银行对货币政策的影响主要有以下几方面：①削弱了国家宏观信贷政策调控效力；②影响货币供应量统计，降低货币政策有效性；③影响利率政策的实施。一些影子银行业务能有效地规避利率管制，对传统业务产生了较强的替代性，不利于我国利率政策的实施（于菁，2013）。有学者认为，影子银行体系影响下的货币政策传导因素中最主要的是风险因素，通过利率的变化影响金融中介部门的资产，进而影响风险价格，最终影响信贷的质量（张培铮，2012）。

六、影子银行风险与金融监管研究

影子银行体系运作的每一步都蕴含着巨大的潜在风险。一是高杠杆率降低了风险承受能力；二是短借长用的业务模式加大了流动性风险；三是证券化过程强化了逆向选择和道德风险；四是场外交易不透明加大了信息不对称性；五是影子银行风险具有较强的传染性（张田，2012）。影子银行比传统银行增长更加快速，并游离于现有的监管体系之外，同时也在最后贷款人的保护伞之外，累积了相当大的金融风险（巴曙松，2009）。

2008年全球金融危机发生后，全球金融监管界提出了一系列改进金融监管的方案和建议，如欧盟委员会的《场外衍生产品监管提案》、英国的《特殊报告》和《金融市场改革》、美国的《多德—弗兰克华尔街改革和消费者保护法》等，针对影子银行监管的建议有：①拓宽监管范围，关注系统性风险；②限制大型金融机构的高风险活动，加强风险隔离；③强化对各类金融创新产品的监管；④建立新的危机处置机制；⑤强化金融机构薪酬监管（Gary Gorton，2010；袁增霆，2011）。其中，设计信息披露机制将成为未来对影子银行监管的重点。探索新的金融市场信息披露制度，提高金融产品和金融市场的透明度，完善场外交易市场的信息披露，以简洁易懂的形式让投资者充分了解相关信息，是防范衍生品市场风险的重要举措，也是确保影子银行在经历危机洗礼后稳健发展的必由之路（文竹，2011）。

第五节　总结与体会

本文献综述分别从财富管理理论研究的历史与发展现状、家庭资产配置实证研究、基于财产性收入内涵和分配视角的研究以及影子银行四个维度，粗线条地梳理和总结了迄今为止国内外学者有关财富管理理论的研究成果，力求全面、准确地呈现出中外学者们的研究结论和主要观点，算是部分填补了国内财富管理理论研究的空白。但由于知识和文献收集的约束，本文献综述尚未达到令人满意的结果。令人稍感遗憾的是，总体上看，国内外有关财富管理的研究文献，对财富管理现象进行描述性、经验性研究的居多，而且，从发展金融机构业务的角度研究财富管理的文献居多，家庭资产最优配置模型化的实证研究文献、研究结论的一般化以及经抽象上升到金融理论层面上的研究结论尚不多见，传统的教科书中更是很难见到有关财富管理研究的内容。也可以说，有关财富管理的理论研究尚未进入主流金融学的研究领域，也很少进入主流经济学家的视野，更未引起经济、金融学界的足够重视，游离在主流金融学和边缘学科之间。同时，这也意味着该领域理论研究的发展空间广阔，潜力巨大。

需要人们深入研究的问题包括：①面对不确定性的经济与金融环境，中国家庭如何调整资产选择行为尤其是金融资产选择行为，以有效增加财产性收入；②家庭收入与财富水平的变化如何影响中国家庭的金融资产选择行为；③在中国式财富管理市场快速发展的情形下，家庭金融资产结构调整对于增加家庭财产性收入的机制与途径等。

第二章   居民财产性收入及其分析

收入与财富的概念和研究是经济学的一个大话题，众多名家参与其中，观点各异、角度不同。按照美国经济学家欧文·费雪（Irving Fisher）的名言，收入是一连串事件，是一个流量的概念，有时间性；而财富是未来收入流的贴现值，是一个现值和存量的概念。因此，所有的收入都可以从利息的角度看，工资是人力资本的利息收入，财产性收入是实物资本的利息收入，地租是土地资本的利息收入。按照这个逻辑，本章在界定居民财产性收入概念和梳理收入有关理论的基础之上，分析居民财产性收入的效应及其主要影响因素。

第一节   居民财产性收入概念及其理论基础

一、居民财产性收入的含义

（一）家庭总收入及其构成

家庭总收入指的是个人或家庭在一定时期（通常为一年）内的全部所得，包括货币收入和非货币收入。在传统经济学的分析框架中，个人或家庭收入的初次分配是以工资、利润、租金和利息等形式分配给生产要素的所有者，即所谓的生产要素收入；在国家存在的前提下，家庭收入的二次所得即所谓的财政转移支付，包括补贴、救济等收入。因此，居民总收入具有不同的构成要素。所谓收入构成要素，是指各种收入的来源渠道，或者说，总收入是由多个分项收入加总而来的，其中的每个分项收入就是一个收入构成要素。广义上的家庭总收入，按照收入形态的不同，可分为货币收入、非货币收入和实物收入；按照收入是否来自于工资，可分为工资性收入和非工资性收入；按照生产要素的不同，可分为劳动性收入、财产性收入、经营性收入和转移性收入（此项为非生产要素分配的结果，为完善分类，特纳入此划分法）；等等。

（二）家庭可支配收入及其构成

在研究家庭收入的经济分析中，通常以居民可支配收入作为收入的主要指标。按国家统计局对家庭可支配收入指标的定义，可支配收入是指家庭成员一定时间内获得的可用于最终消费支出和其他非义务性支出以及储蓄的总和，即居民家庭可以用来自由支配的总收入。它是家庭总收入扣除缴纳的个人所得税等各类税项、个人缴纳的社会保障支出以及记账补贴后的收入。其计算公式为：居民家庭可支配收入=家庭总收入-缴纳个人所得税-个人缴纳的社会保障支出+记账补贴。

（三）家庭财产性收入及其构成

家庭财产性收入是按生产要素划分的一个分项收入。目前，财产性收入已经成为居民收入的重要组成部分，提高居民财产性收入已经成为政府的重要经济和社会目标。中国共产党十六届三中全会明确提出了"各种生产要素按贡献参与分配"，对按生产要素分配收入的方式给予了肯定；此后在十七大报告首次确定"创造条件让更多群众拥有财产性收入"的基础上，党的十八大报告再次提出"多渠道增加居民财产性收入"，引起了社会各界的广泛关注与讨论。

目前关于财产性收入的定义并没有统一的、权威的界定。近年来，国内学者对此问题做了一些探讨。白暴力（2008）认为，财产性收入内涵丰富，是指财产所有人将财产投入到社会生产经营和非生产经营中，通过出让财产使用权获得的收入，如利润、利息、财产增值收益等。林发新（2008）从法学的角度界定了财产性收入，认为财产性收入是财产所有者通过投资、借贷、租赁和行使用益物权的行为所产生的经济收入。具体而言，财产性收入包括了四种收益关系产生的收入：投资收益关系、借贷收益关系、租赁收益关系和行使用益物权关系。高敏雪（2008）将产权作为界定财产性收入的标准，认为财产性收入是财产的所有者转让财产的使用权而获得的报酬。从这个意义上讲，财产性收入与租金的内涵相似，而财产的所有权转移所获得的收入并不属于财产性收入，是资产形式的转化而不是财产性收入的获取。

国家统计局在《中国统计年鉴》的统计指标解释中，对"财产性收入"作了界定，将"财产性收入"定义为：金融资产或有形非生产性资产的所有者向其他机构单位提供资金或将有形非生产性资产供其支配，作为回报而从中获得的收入。它属于描述性的定义。按照这个定义，国家统计局城市社会经济调查司在《中国城市（镇）生活与价格年鉴》中给出了进一步的定义：财产性收入是指家庭拥有的动产（如银行存款、有价证券等）、不动产（如房屋、车辆、土地、收藏品等）所获得的收入。它包括出让财产使用权所获得的利息、租金、专利收入和财产运营所获得的红利收入、财产增值收益等。具体来说，包括利息收入、股息与红利收入、保险收益（不包括保险责任人对保险人给予的保险理赔收入）、其他投资收入、出租房屋收入、知识产权收入以及其他财产性收入。对各种财产性收入的详细规定如下：

（1）利息收入：指资产所有者按预先约定的利率获得的高于存款本金以外的那部分收入，包括各类活期和定期存款利息、债券利息等。

（2）股息和红利收入：指购买公司股票后，由股票发行公司按入股数量分配的股息和年终红利。

（3）保险收益：指家庭参加储蓄性保险，扣除缴纳的保险本金后，所获得的保险净收益。不包括保险责任人对保险人给予的保险理赔收入。

（4）出租房屋收入：指出租房屋所获得的资金净收入。租金收入中应扣除缴纳的各种税费、出租房屋的维修费用等各种成本支出。

（5）其他投资收入：指家庭从事股票、保险以外的投资行为所获得的投资收益。

（6）知识产权收入：出让家庭或家庭成员拥有的专利、版权等知识产权所获得的净收入。

（7）其他财产性收入：家庭所获得的除上述收入以外的各种财产性收入。

为研究方便起见，除特别说明外，本书使用国家统计局对家庭财产性收入的定义与解释作为家庭财产性收入的概念界定和统计指标。

二、有关财产性收入的经济理论

（一）要素收入分配理论

要素收入分配理论涉及的是各种生产要素与其所得收入之间的关系，是从收入来源的角度研究收入分配，其目的在于解释资本、土地和劳动等生产要素价格的形成及其所得收入在国民收入中所占的比重。要素收入分配属于国民收入的初次分配，其分配原则是依据生产要素对产品所做贡献的大小来进行分配，由此建立的原则是经济效率原则。

要素收入分配理论源于以英国经济学家大卫·李嘉图（David Ricardo）为代表的古典经济学家基于劳动创造价值的理论，特别重视社会经济中各阶级对他们的土地、资本和劳动的绝对个人所有权，以及资本家和土地所有者之间、劳动和资本之间在分配份额上的矛盾等问题。古典经济学家们认为，土地所有者和资本家所得的剩余价值源于特权和财产占有权。他们区别了分配的不同层次，把工资、利润和地租作为基本收入，其他收入则作为派生收入。

新古典经济学派的分析框架则抛弃了劳动价值论，而以奥地利经济学家卡尔·门格尔（Carl Menger）、英国经济学家威廉姆·斯坦利·杰文斯（William Stanley Jevons）和法国经济学家里昂·瓦尔拉斯（Léon Walras）创立的边际价值理论为基础，根据生产要素对产出的边际贡献来解释对要素的支付。他们以完全竞争市场为条件、以生产要素划分为前提进行研究，按照边际生产率决定生产过程中各要素的报酬。新古典经济学派的分配理论认为，劳动、土地和资本都是生产性的，没有本质的区别，于是收入分配问题就被视为一般要素价格的决定问题。在新古典经济学派的分析框架中，生产函数和生产要素边际产值在收入分配中起支配性的作用。

新古典经济学的集大成者、英国剑桥学派（新古典学派）的创始人阿尔弗雷德·马歇尔（Alfred Marshall），继承了萨伊的"三位一体"公式，即价值是由劳动、资本和土地共同创造的，其分别得到的报酬就是工资、利息和地租，并把企业家的经营管理才能作为与上述三种要素并列的第四种生产要素，认为对它的报酬就是利润。

（二）规模收入分配理论

最早研究规模收入分配的经济学家是意大利经济学家维弗雷多·帕累托（Vilfredo Pareto）。规模收入分配理论也称个人收入分配理论，是以居民个人为主体对国民收入进行的分配，通过规模收入分配可以探讨某阶层人口的收入比重与其所得是否合理，重点关注收入差距和收入公平问题，并探讨是什么因素决定了个人收入的分配结构，以及可以通过什么路径来改善居民收入分配结构以提高整个社会的总效率，也就是帕累托改进。衡量规模收入分配的常用指标有80—20分位法、5分位法、基尼系数法和泰勒系数法等。规模收入分配理论主要涉及三个方面的研究：

（1）内生决定理论。该理论认为内生变量决定个人收入水平和差异，即个人通过自身的能力如提升人力资本等来提高收入水平，包括人力资本理论和生命周期理论等。前者讨论了人力资本对未来收入的影响，而后者探讨了储蓄、资产和个人劳动在生命周期中的作用，二者都是从劳动供给的角度探讨收入的决定因素。

（2）外生决定理论。该理论研究制度和宏观变量对收入的影响，包括机会不平等理论和再分配理论。发展中国家的机会不平等理论涉及城乡二元经济结构等，主要研究市场分割和制度上的歧视性安排造成的收入分配不公。而发达国家则更多地讨论了现有制度下的机会不平等和歧视，研究通过税收和转移支付等方法对收入进行再分配。

（3）收入分配公正理论。黄有璋（2010）、吴忠民（2008）和戴维·米勒（2001）等认为，收入问题不仅是经济问题，而且还包含了伦理问题，涉及价值判断。

要素收入分配理论和规模收入分配理论既有区别又有联系。二者的区别在于研究问题的角度和目的不同。要素收入分配理论侧重于研究不同的生产要素所获得的不同收入份额是如何确定的，而不关注究竟是谁得到了这些收入，由此建立的分配原则是经济效率原则。规模性收入分配理论则侧重于研究某人或某些人所得的收入是多少，而不关注获得收入的来源和方式。它按收入水平高低将个人或家庭进行分类，然后从每类经济群体所得收入规模与其人口规模或家庭规模之间的关系来研究收入分配，其目的在于说明不同的社会经济群体之间收入分配的形成和变化的趋势，也就是收入差距的动态演化。它表明了个人收入分配的均等程度和社会成员从经济发展中所获得的福利，由此建立的分配原则是经济公平原则。

在市场经济中，个人主要通过向市场提供其拥有的生产要素而获得收入，因此，个人之间的收入所得及其比例无疑是与要素收入分配相关的，而居民的财产性收入则是以他们拥有的生产要素的产权为前提的。因而，二者的联系表现为要素收入分配决定和影响规模性收入分配。因为某一经济群体的人口所获得收入份额的多少取决于他们所拥有生产要素的多寡，国民收入在不同的生产要素之间的分配格局直接影响规模收入分配格局。一般来讲，要素收入分配差距越大，规模收入分配差距也越大。

三、财产性收入与总收入之间的关系

财产性收入和总收入存在互为基础的关系，这主要表现在两个方面：

一方面，财产性收入的获取必须以一定的收入为基础，获得财产性收入的前提是居民必须"有财可理"，即必须拥有一定的财产，而财产则是从收入转化而来的。总收入是一定时期内，个人或家庭的全部进账；财产则是在某一时点上，个人或家庭拥有的资产净值。居民在进行日常的消费性支出后，总收入越多将有助于积累越多的家庭财产，财产积累的速度也越快，财产的规模也会随之扩大。但值得注意的是，不是有了财产就能有财产性收入，财产不会自动转化为财产性收入，只有该财产的使用价值通过市场交易，实现了价值的创造，才能获得财产性收入，如将家庭财产通过资本市场、收藏品市场和房地产市场等进行投资，才会获得财产性收入。

另一方面，总收入中包括财产性收入。从前文的定义可以看出，总收入指的是个人或家庭在一定时期内的全部所得，财产性收入则是其中的一个部分。财产性收入不直接来自于劳动报酬，而是居民通过财产获得的增值收益，在其他分项收入不变的情况下，财产性收入的增加会提高居民的总收入水平，即居民收入水平的提高在一定程度上也必须以财产性收入的增加为基础。而居民总收入水平的提高又将有助于居民财产的积累，为居民提供财产性收入增长的源泉。

可见，财产性收入与总收入存在互为基础、相互转化的关系。杜辉（2011）将这种转化的过程概括为三个阶段：第一阶段，从收入转化为财产；第二个阶段，财产从生活型转化为投资型；第三个阶段，居民将投资型的财产用于投资以获得财产性收入。后两个阶段可以合称为财产的资本化。经过以上三个阶段，就实现了收入→财产→财产性收入的转化过程，并且这个过程会周而复始地进行下去。

第二节　提高居民财产性收入的效应分析

一、家庭财产性收入增长的积极效应

（一）有利于促进社会和谐，维护社会稳定

（1）增加居民财产性收入，加大中等收入者在全社会所占的比重，有利于社会和谐与稳定。一般说来，中等收入者是现代社会的主流群体，是规范市场经济秩序和现代社会主流价值观形成与传播的主要阶层，是社会稳定的基础和实现经济平稳快速发展的保障。国际经验表明，中等收入者群体是一个社会中最稳定的阶层，有维护富足而稳定的生活环境的意愿，最不希望社会经济剧烈动荡或变革。因此，一个社会中的中等收入者越多，经济发展水平越高，一般说这个社会就会越和谐。扩大中等收入阶层会让更多家庭成为名副其实的有产者，这样就会带动整个社会的政治、经济、文化等快速发展，有利于社会稳定。因为中等收入阶层最有能力和意愿推动社会各项活动的发展，并在缓和社会阶层矛盾中发挥重要的作用。

由于市场经济是按生产要素分配收入的机制，加之人们的自然禀赋、努力程度、机遇等存在差异，不同阶层或社会群体收入水平和增长速度也就会有所不同。因此，一个社会通常也就形成了所谓的低收入阶层、中等收入阶层和高收入阶层。由于不同收入群体或阶层的知识结构、心理动机和行为等不同，他们对社会进步的认同感和对社会稳定的影响程度也会存在差异。一般说来，低收入阶层对社会的认同感相对较低，而中等收入者和高收入者对社会的认同感相对较高。一般说来，趋于均等化的收入分配格局会赢得低收入者较高的社会认同，而收入差距过大的分配格局会降低低收入阶层的社会认同感，有时甚至会使低收入阶层对社会产生抵触情绪，进而发展成为社会不稳定的因素之一。

（2）增加居民财产性收入，建立和谐的劳资关系，有利于社会和谐与稳定。一个社会的和谐与稳定需要各种社会关系的和谐。作为一种社会经济关系，劳资关系是其中的一个重要组成部分，并且对社会关系的发展发挥着重要作用。增加我国居民财产性收入，使居民的收入来源多元化，有利于居民生活稳定。居民在生活困难并且没有工资收入的时候，除社会保障收入外，还可以通过手中的财产性收入或资产变现渡过难关，这说明财产性收入对于维护家庭和社会的稳定具有重要作用。因此，增加我国居民财产性收入，建立和谐的劳资关系，是社会和谐与稳定的基础。

（二）有利于缩小贫富差距，促进社会公平

（1）居民财产性收入的增加有利于缩小贫富差距。改革开放以来，伴随着我国经济的持续快速发展，社会平均收入水平不断增加，居民财富快速增长。但与此相伴的是，近年来中国基尼系数呈不断上升的趋势，表明我国的贫富差距有持续扩大的趋势，普通家庭财产性收入增长较慢可能是原因之一。如此严重形势，引起了社会各界的广泛关注与讨论。因此，近年来政府提出要深化分配制度改革，创造条件让更多家庭拥有财产性收入，提出了惠及全体民众的利民政策，政策取向是创造条件让财产性收入成为普通家庭增加收入的主要途径。财产性收入作为总收入的四项构成之一，是财产的衍生物，与工资性收入和经营性收入不同。根据财产增值的特点，不需要财产所有者倾其全部精力和时间，却往往可以获得以几何级数增长的回报。

（2）增加我国居民财产性收入有利于促进社会公平。收入分配中的公平是指根据合理的规则分配国民收入。由于收入分配的全过程有三个环节，所谓公平也就包括三个方面，即起点公平、过程公平和结果公平。起点公平就是要给每个人公平的机会和条件，它为过程公平和结果公平打下了坚实的基础；过程公平是指市场经济的竞争规则必须公平；结果公平是指把利益差距控制在合理的范围内。由于经济发展水平和经济体制等原因，我国不同程度地存在社会不公平现象，如就业机会的不公平、受教育机会的不公平、竞争的不公平等。所以，注重社会公平，让社会公众共享经济发展的成果，应该成为政府执政的主要目标之一。作为收入分配制度的一项重要举措，增加居民财产性收入可以使更多社会成员分享经济发展的成果，提高居民的收入水平，进而促进社会公平。

二、家庭财产性收入增长的负面效应

（一）产生马太效应，加剧贫富差距

作为居民收入的一部分，财产性收入对居民收入差距的影响主要取决于居民财富分布的平等程度以及获得财产性收入增长渠道的公平性，即平等的财富管理渠道。居民财富分布和财富管理渠道越不平等，财产性收入对居民收入差距的影响就越大，财产性收入的不均衡增长就会导致食利阶层出现，从而加大收入分配的差距。一部分人或者少部分人获得绝大部分财产性收入，不仅不会缩小社会收入差距，反而会扩大收入差距。

改革开放以前，人们多是对由于劳动差别而引起的工资收入差距进行观察和讨论。近年来，随着我国居民收入水平的提高，以货币和房产积累为代表的财产积累规模越来越大，一些居民开始把货币转为资本，取得财产性收入。同工资性收入差别相比，财产性收入对收入差距扩大的影响程度越来越大。如目前在城市，房租收入、证券投资收入和各类理财投资收入已经成为许多家庭的重要收入来源。但对于农村居民来说，由于受限于资产规模、专业知识、风险承受能力和投资渠道，财产性收入的来源几乎只有银行储蓄一种方式。此时，财产性收入就会产生"富者愈富，贫者愈贫"的马太效应。

目前看来，增加居民财产性收入的重点在于增加并保护低收入阶层的收入，不断减少低收入群体的数量。这就要求经济增长成果的分配能惠及全体社会成员尤其是低收入者。因而就需要在制度安排和经济政策方面逐步建立一种利益共享机制，即让全体社会成员能在经济发展过程中享有广泛而平等的机会。让更多的普通家庭成为经济活动的主体，使他们有更多机会通过财产积累的方式共享经济成果，并且为其创建更多的财富管理渠道，从而增加其财产性收入。这将有利于促使广大中低收入者的收入快速增长，让更多的社会成员公平、公正地共享经济发展成果，不断缩小贫富差距。

（二）虚拟经济过度繁荣可能冲击实体经济的发展

"虚拟经济"的概念是从马克思在《资本论》中提及的"虚拟资本"的概念衍生出来的，主要是指虚拟资本（主要包括期货、证券、期权等）以金融市场为依托所进行的经济活动。按照马克思的理论，虚拟经济虽能促进实体经济的发展，然而，若虚拟经济的发展脱离了实体经济的发展现状，则不仅不能起到促进作用，而是会产生负面效应。

由于财产性收入和虚拟资本密切相关，且其主要依托于金融市场，所以，若对社会成员引导不足，虚拟经济过度繁荣，就可能引发虚拟经济脱离实体经济，进而冲击实体经济的发展。由于目前我国经济体制仍处于转型期以及部分企业因经营管理不善产生了大量不良资产，使得我国实体经济存在着某种程度的潜在风险。在对实体经济预期不乐观的情况下，大量闲散资金可能涌入金融市场和资产市场，一定条件下可能会促成资产市场和金融市场泡沫的生成与破灭，引起金融市场和资产市场的剧烈动荡，最终很可能导致虚拟经济的非理性繁荣，冲击实体经济的发展。2008年爆发的由美国次贷危机引起的全球金融危机，就是典型的虚拟经济对实体经济造成巨大破坏性冲击的经典案例，为我们提供了诸多值得思考与深入研究的素材。

第三节　居民财产性收入增长的影响因素

一、制度因素影响居民财产性收入

（一）收入分配制度影响居民财产性收入

财产性收入是居民凭借自己的财产所有权将财产资产化而获得的非劳动性收入。一般而言，拥有财产量越多，财产投入运用越多，在财产收益率一定的情况下，获得的财产性收入也就越多。因此，社会成员财产量的悬殊既是贫富差距的表现，同时也是导致贫富差距的原因之一。而拥有财产性收入的前提是先要拥有一定数量的财产，而财产数量的多寡又主要依赖于其收入流的大小，即居民收入和居民财产量呈正相关关系。也就是说，在居民收入增加的前提下，用于消费外的部分就可用于财产积累。同理，居民的财产量增加了，财产就可以带来更多的收入。

改革开放以来，虽然我国国民财富总量不断增加，但在处理国家、集体和个人三者利益关系时，个人似乎被置于相对次要的地位，国民收入更多地流向政府和企业，在收入的初次分配中，个人分配占比偏低。国民收入在国家、企业和居民间的分配制度不尽合理，是造成居民收入增长缓慢、制约居民家庭财产积累的因素之一，致使居民缺少了获得财产性收入的经济基础。

表 2.1　2001—2012 年 GDP、财政收入和城镇居民家庭人均可支配收入增速

单位:%

年份	GDP 增速	政府财政收入增长速度	城镇居民家庭人均可支配收入增速
2001 年	8.3	22.3	9.2
2002 年	9.1	15.4	12.3
2003 年	10	14.9	10.0
2004 年	10.1	21.6	11.2
2005 年	11.3	19.9	11.4
2006 年	12.7	22.5	12.1
2007 年	14.2	32.4	17.2
2008 年	9.6	19.5	14.5
2009 年	9.2	11.7	8.8
2010 年	10.4	21.3	11.3
2011 年	9.3	25	14.1
2012 年	7.7	12.9	12.6

［数据来源］国家统计局公布的相关数据。

表 2.1 中的数据显示,自 2001 年以来,几乎在所有的年份里,尽管城镇居民家庭人均可支配收入增速快于国内生产总值（GDP）的增速,但是远远低于政府公共财政收入的增长速度。这种向政府倾斜的收入分配制度不利于居民财富的积累,从而阻碍着居民财产性收入的增长。

（二）社会保障制度影响居民财产性收入

社会保障制度是国家以再分配为手段实现社会稳定与和谐的一种制度安排。社会保障收入在本质上是一种在国民收入初次分配基础上的收入再分配,通过财政转移支付等来实现。社会保障制度的完善与否对居民财产性收入影响显著,在社会保障制度不完善的情况下,普通家庭为应对未来的不确定性,有提高预防性储蓄的倾向,从而一定程度上减少了家庭财产积累的数量和财产性收入的增长。也就是说,社会保障制度的不完善,一方面会增加居民的支出,减少居民可积累的财富;另一方面会降低居民的投资意愿,从而减少居民的财产性收入。

从国际比较来看,目前我国的社会保障支出水平仍然偏低。2002 年瑞典社会保障支出占国内生产总值（GDP）的比重已经达到 20.7%,公共财政支

出中社会保障比重则达到 35.4%（扣除社会保障税后的调整口径）；日本 2002 年社会保障支出占国内生产总值（GDP）的比重为 16.8%，公共财政支出用于社会保障的比重达到 24.4%（扣除社会保障税后的调整口径）[①]。这意味着我国的社会保障水平还有很大的提升空间，居民财产性收入的提升也还有很大的潜力。

表 2.2　　　　　　2007—2012 年我国社会保障和就业支出情况

年份	国家财政社会保障和就业支出（亿元）	国家财政支出（亿元）	国内生产总值（亿元）	社会保障和就业支出占国家财政支出比重（%）	社会保障和就业支出占GDP比重（%）
2007 年	5 447.16	49 781.35	265 810.31	10.94	2.05
2008 年	6 804.29	62 592.66	314 045.43	10.87	2.17
2009 年	7 606.68	76 299.93	340 902.81	9.97	2.23
2010 年	9 130.62	89 874.16	401 512.80	10.16	2.27
2011 年	11 109.40	109 247.79	473 104.05	10.17	2.35
2012 年	12 585.52	125 952.97	519 470.10	9.99	2.42

［数据来源］国家统计局公布的相关数据。

　　表 2.2 是 2007 年以来我国国家财政支出的社会保障和就业支出情况，可见社会保障和就业支出占国家财政支出的比重保持在 10% 左右，而我国的财政支出增长较快，社会保障和就业支出占国内生产总值（GDP）的比重呈逐年上升的趋势，表明我国的社会保障水平在不断提高。这将有助于减少居民的支出，加快居民财富积累的速度，从而为提高居民财产性收入奠定基础。

二、市场因素影响居民财产性收入

　　完善的各类个人投资理财市场是居民获得财产性收入的重要途径，而目前我国个人投资理财市场发展相对滞后，缺乏综合性的金融投资市场。近年来我国的银行、证券、保险和信托等行业发展迅速，各类金融机构的理财业务规模不断扩大。截至 2013 年年末，银行理财产品和信托公司信托资产存量规模均超过人民币 10 万亿元，证券公司受托管理资金本金总额达到人民币 5.2 万亿元，而且各类金融机构在理财业务上的合作也正在不断加强。但总的来说，金融业还处于分业经营、分业监管的模式下，综合性理财业务的开展仍受到许多限制。比如说，这种分业经营模式不利于向客户提供涵盖储蓄、投资和保障等

---

　　① 何平.部分国家财政社会保障支出分析［J］.中国社会保障，2006（7）.

多功能的综合金融服务，不利于居民设计合理的投资结构和长远的投资计划，降低了投资效率，一定程度上影响着家庭财产性收入的增加。

个人投资理财市场发展滞后的另一个表现是，投资渠道相对较窄以及投资门槛较高。目前，在我国金融投资市场上，股票和基金占相对主导地位，相比于发达国家居民，投资渠道和理财产品品种较少，数量供给较为匮乏，尤其是适合中低收入者的，安全性、流动性和盈利性匹配较好的投资产品明显不足。投资工具稀少意味着居民获得财产性收入的渠道较少。另外，理财投资门槛偏高，如目前银行理财产品的投资起点在 5 万元以上。而资产收益率较高的信托产品市场，投资起点则在 100 万元以上。投资门槛较高导致中低收入群体参与理财市场受到限制，金融市场上普遍存在着对投资者的数量型价格歧视，似乎表明了对普通投资者的某种"不公平"。但是，随着互联网金融理财市场的快速兴起与发展，也许这种状况很快就会有所改观，所谓"屌丝"理财对普通家庭的财产性收入增长可能具有颠覆性的影响。

三、个人金融意识影响居民财产性收入

居民个人因素也会在一定程度上影响家庭财产性收入，其中一个重要的因素就是居民的投资理财意识。居民拥有一定量的财产并不一定就会带来财产性收入的增长，或者说，在财产量相同的情况下，不同家庭的财产性收入并不一定相同，财产性收入的大小还要取决于个人掌握投资和理财知识的多少。在工资水平相同的收入者之间，由于投资和理财知识水平不同，其财产总量的积累和财产性收入的所得也不尽相同。

由于历史、体制、思维惯性等方面的原因，目前我国居民金融知识或投资和理财的知识水平还有待提高。因此，居民的财产性收入在人均总收入中所占的比重很低，除去财富水平偏低以外，金融知识不足或投资理财意识不强可能也是原因之一。西方发达国家具有一个由发达的资本、货币、信息、保险等组成的多层次、高效率的金融市场体系，以及完善的社会保障制度和金融市场监管体系等，当地居民在长期参与金融市场的实践中，逐步积累了一定的投资和理财专业知识，投资理财意识相对较强。相比之下，目前我国大多数居民仍把银行储蓄存款作为获得财产性收入的唯一途径，权益类理财市场的参与程度偏低。这样不仅减少了其获得财产性收入的机会，更不利于其形成风险与收益相对称的金融意识，对金融市场投资风险与收益认识的不足减少了其投资行为。

表 2.3　　　　　　　　　　　　　中国家庭金融市场参与率　　　　　　　　单位:%

品种	股票	债券	基金	衍生品	金融理财产品
参与率	8.84	0.77	4.24	0.05	1.10

［资料来源］杭州生活通，CHFS。

注：西南财经大学中国家庭金融调查与研究中心（China Household Finance Survey，CHFS）。

表 2.4　　　　　2001—2012 年居民人均收入增速和存款增速比较表　　　单位:%

年份	城镇居民家庭人均可支配收入增速	农村居民家庭人均纯收入增速	城乡居民人民币储蓄存款增速
2001 年	9.2	5.0	14.7
2002 年	12.3	4.6	17.8
2003 年	10.0	5.9	19.2
2004 年	11.2	12.0	15.4
2005 年	11.4	10.8	18.0
2006 年	12.1	10.2	14.6
2007 年	17.2	15.4	6.8
2008 年	14.5	15.0	26.3
2009 年	8.8	8.2	19.7
2010 年	11.3	14.9	16.3
2011 年	14.1	17.9	13.3
2012 年	12.6	13.5	16.3

［数据来源］国家统计局公布的相关数据。

从表 2.4 可以看出，在 2001—2012 年间，在绝大部分的年份里，城乡居民的储蓄存款增速都快于其人均收入增长速度，储蓄存款仍然是普通家庭金融资产选择的主要品种。这表明我国居民的投资意识较弱，长期以来以储蓄存款为主的资产保值增值手段依然没有多大变化，制约着普通家庭的财产性收入增长。

扩展阅读专栏一

增加中国农民家庭财产收入

周其仁

谢谢张行长，也谢谢中国农业银行的邀请。我发言的题目是"增加中国农民家庭财产收入"。

这几年看中国农民的收入情况，大概有三个特点值得注意。

第一个特点，农民的收入总的来说增长是比较快的，虽然不像20世纪80年代有20%的增长率，但是仍保持在10%左右，最近两年在10%以内。能不能持续增加中国最多人口的族群的收入变成一个很大的问题。

第二个特点，农民的收入纵向来看保持较高的增长，但是跟城镇居民收入的增长比，差距越来越大。刚才李金华先生也讲到，2008年中国农民的人均收入和城镇居民家庭可支配的收入绝对差距超过1万块钱。这个情况当然是一个要引起关注的情况。

第三个特点，农民收入的来源。最大的来源大概占51%，这是2008年的情况，农民家庭人均收入绝大部分来自家庭经营性收入，主要是农业和跟农业有关的活动的收入。第二块收入是农民打工的收入——工资性的收入，这块占到农民人均收入的38.9%。第三大收入来自转移性支付。这些年中央政府采取了惠农政策，减免税收，增加补贴，这大概占到农民人均纯收入的6%。最后是农民财产性收入，只占人均收入4 700元的3%多，绝对数是100多元。拿财产性收入跟城市家庭比，这是很大的差距。这两年由于城市资本市场的发展、房地产市场的发展，城市居民开始享受较多的财产性收入。但是广大农村居民从增长势头来看，相对于城市居民来看是下降的，大概一半以内。这个情况值得研究。我们要问：农民家庭财产性收入非常少，到底是什么原因？是因为农民家庭没有财产吗？从调查数据直观来看，情况不是这样的。中国农民拥有大量的资源，包括农业土地，包括非农业土地。根据国土资源部总规划师提供的数据，全国的建设用地，就是目前在市场上最贵的土地，总量的一半在农村，包括农民的宅基地，包括农村建乡镇企业的用地，包括农村的公共用地，占到全中国大概5亿亩建设用地的一半，这是巨大的量。当然还有林地，虽然法律上规定它属于国有，但是它从来世世代代都在农民手里。包括水资源，包括农民居住的土地下面的矿产资源，这些资源的总量放到一起，加上农民累计的金融性资产如储蓄，农民的资产总量其实并不少。真正的问题是这些资产不能像城市居民拥有的资产一样，发挥增加收入的功能。农民拥有的资产的量与它能够提高的收入量是完全不对称的。像刚才讲到的巨大的建设用地，这是今天中国非常有意思的现象：中国最富的家庭有很多房子，很多房子是没人住的，闲置在那里。中国最穷的农民家庭也有很多房子，当然这个房子很破，可是他也不去住。他常年在外打工，过年回去住一个来月，平时就闲置着。这两种闲置都是中国的资源浪费，但这两种闲置有一个重要的差别：最富家庭的房子虽然没人住，但它的资产价值还在增长，因为有市场在不断重新界定它的账面价值。农民的房子不住，就白白闲置在那里，因为没有一个市场可以让他占有的房产、地产增值。随着我们国家市场建设的深化，这个差距会越拉越大。

因此我们得分析农民手里所有这些资产带来收入的功能。由于时间的原因，我在此将其简化为三种情况：第一种是农民合法地拥有这些资产，也可以商业性地利用这些资产，也可以转让这些资产，但是社会的需求对这些资产的需求量增长不高，这里集中体现在农业活动中。你去看现在农产品的价格，除了少数几个年份由于通货膨胀的影响，充当了通货膨胀的载体，中国农产品的价格一直是平稳的，比较低的。没有需求可以把这个拉起来。如果很大的城市化的需求，可以来提高对农产品的购买，这块资产转化的收入功能，我们相信还可以持续地发展。第二种情况是农民可以合法地拥有某部分资产，也可以转让，也可以商业性利用，但是这些资源如果不跟其他的一些资源结合到一起，这些资源也没有很高的收入功能。比如说现在根据居民的消费结构，发展大量的附加价值较高的农副产品，光有土地不够，光有劳动力不够，需要技术，需要资金支持，需要市场渠道，甚至需要品质的保障——品牌。这些资源都不是在农村天然就有的。怎么把这些资源组合在一起，可以让农民手里掌握的财产增加收入功能，这是第二方面的问题。

第三种情况也是第三个问题，在我们看来是蛮大的：社会拥有巨大的需求，但农民占有的资源只有使用的权利、占有的权利，没有商业性利用的权利或者转让的权利，这点最显著地发生在农村建设用地上。城市的房地产居民都有清楚的房产证，可以转让，可以享受整个资产市场的上升带来的账面价值的增加，可以有完全的产权的功能，包括抵押，包括在抵押基础上产生的其他的金融功能。但是庞大的农民家庭拥有的资源就是一种死的资产，它不能合法地转让。第三种情况在提高农民财产性收入方面尤其重要。

针对不同的情况，应该有不同的政策，不同的制度安排，这样对提高农民整体收入会有好处。

下面简单介绍一下北京大学国家发展研究院下边一个调查研究小组对我们国家目前在成都、重庆设立的土地制度即城乡统筹的土地制度实验所做的一项调查。全国有全国的土地制度，但中国在某些实验区可以超前地、领先地实验，这个实验最重要的东西是让农民手里那块死的资产，经过统一的规划、经过市场机制的设计，参加到交易活动中来。这个报告在我们机构的网页上都可以看到，很快会出纸面报告的全文。题目叫《还权赋能》。我们的报告认为，这项实验虽然在局部地区进行，但是对长期的发展有一些重要的意义。这里有好多做法。第一种做法就是通过土地整理，腾出一些土地指标，跟城市日益上升的土地市场进行交换。因为农民占了很多地，但这个地利用得并不充分，因为原来既不标价，也没有商业性地衡量你这个到底成本多少。城市土地市场价格上升以后，参照系数开始发生变化。我们国家一个重要的政策就是城市建设用地扩大的同时，一定要增加相应的农业用地，叫"占补平衡"，城市扩大一圈就必须相应增加农业耕地，这个政策就刺激了城乡之间的资本对流。城市日益上涨的房地产商业地产这个价值当中，可以拿出一块来鼓励农民整理土地，把土地整得平一点，腾出指标，就可以卖给城里。第二种做法就是农村的村庄的重新整理和重新建设。因为农村宅基地按人口分得，不要白不要，因此农民多年的倾向是过多地占有，这种过多占有造成了资源很大的浪费。其实在确保农民有居住条件的前提下，也可以腾出很多指标。问题是农民自己没有办法完成这个过程，因为必须得有资本投入，才能把房子盖得密集一些、集约一些。这些工作在成都通过土地的整理、农地的整理，通过村庄的整理、重新建设，腾出、节约出了很多指标。这个指标可以交易给城市，城市急速上涨的土地收入，一部分流量可以到农村，这个做法可以帮助农民提高收入。这个土地还在农村，原来的建设用地变成了农地，变成了可种的土地。这个指标可以卖到什么价格？可以是 6 000 元、8 000 元、15 000 元、16 000 元、25 000 元。最近重庆举行拍卖，把指标拿到土地交易所拍卖，我看到 6 月份的记录价格是每亩土地指标达到 80 000 多元。这个事情我们认为意义重大。农民如果把土地好好节约利用，可以获得很高的收入。

第三种做法，我们国家绝大多数工业开发区把这个土地征为国有，然后由政府"招拍挂"变成工业用地。但是农民的地可不可以直接办工业开发区呢？成都做了实验：把一块开发区将近 5 平方千米交给农民企业家创办，而没有把这块地变成国有土地，结果这个开发区也非常成功。因为大量的中小企业以很低的价格进去进行工业性活动，农民通过这个土地获得的收入，比这个土地一次性被国家拿走带来的收入高很多。

这次（汶川）地震，造成了成都市 27 万户农民家庭的房屋毁损。重建当中，中央财政、地方财政给每户补 2 万块钱，但不足以把这个房子建起来。成都在这种情况下，进行了城乡联建的实验：房子塌了，宅基地还在，让城市的投资者来，把这个房子建得小一点、好一点。腾出这块地，就可以让城市的投资者来建乡村酒店、"农家乐"等休闲性的设施。当地同样给外来的投资者颁发土地证，这个土地证跟本地农民的土地证有所不同。本地农民是世世代代居住在这里，是集体划给他永久使用的宅基地。腾出来的这块地是 40 年为一期的商业性农村集体建设转让用地。我们根据一些案例计算，把1亩地腾出来的土地换来的投资折算回来，这个地价会达到160万元人民币1亩地。在征地制度实行以来的几十年当中，农民从来没有得到过这么高的收入。

最后一块是更大胆的实验：在靠近城市中心区周围的集体建设用地，按照城市规划、按照十七届三中全会的决定，集体经营性建设用地可以直接进入城市一级土地市场。也就是说农民集体土地不一定被政府占用，然后再进行"招拍挂"，而是可以自己直接进去"招拍挂"，这块土地的价格比其他国有土地的价格总是略低一些。2008年年底是80万元1亩地，2009年再去观察已经上升到130万元1亩地。这个钱倒过来进入农村集体，再分配给农民，帮助农民搞建设。

所有这些做法都带来很多新的流量资产，而所有这些工作的基础就是要把权利清楚地界定好。对成都这件工作我们给予高度的评价。新中国成立60多年，土地以及房产，这种基本资源，虽然有使用者，有占用者，但是没有法律上经合法表达的所有者或者权益人。成都为了推进这场改革，为了防止在改革当中发生侵权行为，不仅把土地所有权确定到生产队、集体，而且把生产队内每块农地、山林、宅基地、房基地，确权到农户，同时由县以上人民政府颁发土地证件。这个土地证件上的使用年限也随着我们国家政策而改变。最新的中央文件说农民承包集体土地可以长久不变，我们看到土地产权证上已经写上"使用年限：长久"，而不是"30年"了。我们问当地的农民这"长久"是什么意思、这"长久"到底是多长久。农民的回答非常有意思，说只要你们不变，我们就不变。因为一个稳定的长久的使用权就奠定了转让、交易从而带来收入的基础。我们认为对于局部地区的实验虽然还有不同的意见，虽然这些实验当中还有这样那样的毛病，但是这个实验本身是有意义的，因为它会给多少年流行的国家拿了农民的地来搞城市、来搞工业的模式探索一个新的可能性。

从我今天发言的题目来看，它里面有重要的含义。农民的财产数量不少，但是收入功能很差，其中有一个可能性，就是因为我们对这些财产的法律界定做得不够好。只要社会在这个方向投入界定产权，允许流转的制度性的努力，就有可能帮助农民家庭提高他们的收入，从而对国民经济做出贡献。谢谢各位！

[资料来源] 新浪财经（http://finance.sina.com.cn/hy/20091028/）.

第三章 家庭资产组合及其分析

经济理论认为，能够给拥有者带来收入的所有物品都是资产，而资产的市场价值就是资本。尽管家庭资产的形态各异、内容有别，但只要能给持有者带来某种形式的收入，不管这些收入是货币的还是非货币的，都可以称之为资产。这样来看，房产、车辆、收藏品等实物形态的物品是资产，信誉、美貌、社会关系等无形物品也是资产，区别仅在于各类资产为资产持有者带来收入的形式与能力不同而已。换个角度看，衡量一个家庭拥有的财富总量或资本总量的多少，不仅取决于家庭拥有的各种形式的资产数量，而且还取决于各类资产的市场价格。

进一步说，一个家庭拥有的财富总量或资本总量是其总资产未来收入流的贴现值，取决于各类资产市场的利息率高低。因为各类资产的市场状况和结构不同，其市场利率（或收益率）有别，所以在家庭资产总量相同的情况下，家庭各类资产的持有比例不同或家庭资产组合不同，其财富总量也会不同。20世纪50年代起，以美国经济学家马科维茨（Harry M. Markowitz）的投资组合理论为代表的现代资产组合理论应运而生，参与者众多，规模空前，开创了一片微观金融理论研究的新天地，成为了现代证券市场投资学的主流理论。

本章在介绍现代资产组合理论及其发展的基础上，分析影响中国家庭资产组合调整的主要因素及其趋势，进而分析家庭金融资产组合调整对货币政策有效性的影响。

第一节 家庭资产组合概念界定及其理论基础

一、家庭资产组合的含义

1952年，马科维茨在其论文《资产组合选择——投资的有效分散化》中，首次提出了投资组合理论，该理论包括均值—方差理论和投资组合有效边界模型。他认为人们在进行投资选择时，实际上是在具有不确定性的风险和收益中做出选择。此后，夏普、林特和莫森分别于1964年、1965年和1966年提出了资本资产定价模型（CAPM），该模型在提供了评价风险—收益相互转换的可运作模型的同时，为投资组合分析和绩效评价提供了重要的理论基础。1976年，罗斯针对资本资产定价模型的不可检验性的缺陷提出了APT模型，该模型导致了多指数投资组合分析方法的广泛运用。他们的重要结论是：资产组合中资产种类越多，风险越分散；不要把所有鸡蛋放在一个篮子里；在一定条件下，风险最小的投资组合为最优组合。

戴维·M.达斯特在《资产配置的艺术》一书中，将"资产组合"定义为在一个投资组合中选择资产的类别并确定其比例的过程，同时指出资产的类别分为两种，一种是实物资产，如房产和艺术品等；另一种是金融资产，如股票、基金、债券等。当投资者面对多种资产选择，考虑应该拥有多少种资产、每种资产各占多少比例时，资产组合的决策过程就开始了。

国内学者王家庭（2000）认为家庭资产组合即家庭理财，是指家庭将拥有的货币资金通过对现有投资方式进行有效组合，以获取最大化经济收益的过程，即家庭为实现效用最大化，通过确定目标、制订财务计划、运用各种理财手段来实现增值目标的投资活动。

综上所述，我们将家庭资产组合定义为：各个家庭结合家庭实际情况和各类资产的不同特性，构建资产组合，以实现效用最大化，即获得最大的经济收益。它包含两个方面：一是评估家庭成员的构成及年龄、收入、职业环境、资金的投资期限、风险偏好等；二是综合各类资产的基本特征，构建与家庭风险属性和目标相匹配的资产组合，在一定的风险水平下给家庭带来最大的收益或在一定的收益水平下带来的风险最小。

二、家庭资产组合的理论基础

（一）消费储蓄理论

1. 绝对收入理论

英国经济学家约翰·梅纳德·凯恩斯（John Maynard Keynes）在1936年出版的《就业、利息和货币通论》一书中最早提出了消费函数理论，该理论有三个基本假设：①边际消费倾向递减。即当收入增加的时候，人们会增加他们的消费，但消费支出增加的速度低于收入增加的速度，边际消费倾向介于0~1之间。②平均消费倾向随着收入的上升而下降。凯恩斯认为，储蓄是一种"奢侈品"，富人的收入中储蓄比例会高于穷人。③决定储蓄的基本力量是收入而非利率。凯恩斯也承认在理论上利率会影响消费，但在给定的收入水平下，利率对个人支出的短期影响是第二位的和相对不重要的。

在这三个理论假设的基础上，凯恩斯认为消费是同期收入的线性函数，这一假定又称为"绝对收入假说"。凯恩斯的消费函数可以写成：$C=a+bY$。其中，C是总消费；Y是可支配收入；a为自发性消费且a是大于0的常数，表示在没有收入时也会进行的消费；b是边际消费倾向，其数值介于0~1之间，表示消费增加量（ΔC）与收入增加量（ΔY）的比值。

2. 相对收入理论

相对收入理论由美国经济学家詹姆斯·杜森贝里（James Stemble Duesenberry）提出。他认为人们的消费不仅取决于绝对收入量，而且主要取决于相对收入量，即取决于消费者过去的收入及消费习惯、其他人的消费水平及消费习惯。也就是说消费具有示范效应，是由收入的相对地位决定的。具体可以从以下两个方面理解：

第一，杜森贝里认为，较高的社会地位要靠较高的收入和消费水平来体现，消费者的消费行为会受到周围人们消费水平的影响，即消费起着一种"示范效应"。这种心理会使短期消费函数随着社会平均收入的提高而整体向上移动。

第二，消费者的行为具有不可逆性和棘轮效应。杜森贝里认为消费具有刚性，根据人们的习惯，增加消费容易，而要减少消费则比较困难。也就是说，消费者容易随着收入的增加而提高其消费水平，却不容易随着收入的减少而降低其消费水平，通俗表达为"由俭入奢易，由奢返俭难"。

3. 生命周期理论

生命周期理论由经济学家弗兰科·莫迪利安尼（Franco Modigliani）于1954年提出，该理论强调了消费与个人生命周期阶段之间的关系以及收入与财产之间的关系，认为人们会在更长的时间范围内计划他们的生活消费开支，以使其消费在整个生命周期内实现最优配置。个人在收入较高时期储蓄，在收入较低时用过去积累的财产进行消费，从而使个体在整个生命周期内实现平滑的跨期消费配置。也就是说，消费者是根据其一生中的全部预期收入来安排自己的消费支出，而不完全取决于消费者的当期收入，其消费主要取决于他们在整个生命周期内所获得的总收入和财产。

根据生命周期理论，如果一个经济中，年轻人和老年人的比例增加，则该社会的消费倾向会提高，而如果该经济中中年人的比例增大，则该经济的消费倾向会下降。该理论的最主要贡献在于说明了长期消费的稳定性与短期消费波动的原因。

4. 永久性收入理论

永久性收入理论由美国经济学家米尔顿·弗里德曼（Milton Friedman）于1957年在《消费函数理论》一书中提出，该理论强调永久性收入与暂时性收入之间的区分，认为消费者的消费支出主要是由永久性收入决定的，而不是由暂时性收入决定的。其中永久性收入是指在剔除掉经济中各种短期因素和随机冲击的影响后，居民或家庭预期能获得的稳定的收入，一般定义为能够保持三年以上的收入。

弗里德曼认为，当期收入水平变化对当期消费支出只有较小的影响，只有当预期长时期内收入水平有所变化时，当期消费支出才会受到显著影响。原因在于：当收入上升时，人们不能确定这种收入的增加是暂时的还持久，因而不会立即增加消费，当收入下降时，人们也不能确定这种收入的下降是不是持久的，因而不会立即减少消费。但是，一旦收入的变动趋势是永久性的，人们就会根据收入的变化迅速调整其消费。

（二）资产组合理论

1. 货币资产选择理论

1935年，货币资产选择理论由经济学家约翰·希克斯（John Richard Hicks）在《关于简化货币理论的建议》一文中提出。希克斯认为，一个人所希望持有货币的数量取决于三个因素：预期未来支付的日期、投资成本及投资的预期收益率。因为持有货币是没有收益的，在存在其他投资机会的情况下，持有货币就丧失了投资获利的机会，这就是持有货币的机会成本。而风险通过影响预期投资收益率使投资收益具有不确定性。居民对货币资产的需求不仅要考虑机会成本的大小，还要分析投资的风险高低问题。

希克斯（1967）把金融资产分为：运营资产、储备资产和投资资产。实际上，这样的分类把所有的金融资产都作为货币来讨论，因此，不同形式的金融资产只是货币的不同形式而已，可满足不同的货币余额需求。这样，交易者持有的财富存量和支出量之间就有了密切的联系，而流动性使交易者可以通过调整资产组合而调节财富存量与支出流量之间的数量关系。

2. 流动性偏好理论

流动性偏好理论是经济学家凯恩斯在1936年出版的《就业、利息和货币通论》一书中提出的。凯恩斯认为，人们持有货币是因为有流动性偏好，因为货币是一种流动性最好的资产。他将人们的流动性偏好动机分为三个类型，即交易性动机、预防性动机和投机性动机。交易性动机是指人们必须保持一定量的货币在手中，以满足日常交易或营业的需要，货币执行的是交易媒介职能，它与人们的收入成正比；预防性动机则是人们持有货币以预防预测不到的未来需求，货币执行的是财富储藏手段的职能，它与人们的收入成正比；投机性动机是指人们为了在未来的某个适当时机进行投机活动而持有一定数量的货币，它是市场利率的减函数。

流动性偏好理论将个人各种资产的收益最大化作为投机动机的基础，将不确定情况下的风险厌恶作为预防性动机的基础。这种理论启发形成了资产选择行为理论，即：可供人们选择的财产形式有哪些？人们为什么要在他们的全部资产中持有货币？

凯恩斯将可用来储藏财富的资产分为两类：货币和债券。货币是一种具有流动性但不能带来利息收益的资产，货币的预期回报率为零。债券是指没有偿还的政府债务，它的票面利率是固定的，但是它的市场价格则会随市场利率变化而变化。债券的预期收益来自两个方面：利息收入和预期资本利得。由于利率的上升或下降会引起债券价格的下跌或上涨，使债券持有者要么蒙受损失，要么取得收益。人们在对未来利率走势进行预测的基础上，权衡持有债券的利弊而决定对货币的需求量，决定是以债券还是以货币作为自己财富的存在形式。持有不同资产的相对成本变化会引起资产结构的调整。

3. 资产组合理论

美国经济学家詹姆士·托宾（James Tobin）在 1958 年用投资者避免风险的行为动机重新解释了流动性偏好理论，首次将资产选择理论引入货币理论。因此，托宾关于投机性货币需求的论述被称为资产组合选择理论，也被称为风险—收益分析法。托宾用这种方法解释投资者为什么常常在其资产中同时保持债券和没有利息收入的货币。

托宾假定，人们的资产保有形式有货币和债券两种。货币是一种安全性资产，保有货币虽无利息收益，却无须承担风险；债券是一种风险性资产，持有债券虽能获得利息收益，但同时也承担债券价格下跌从而招致资本损失的风险。人们可以选择货币和债券的不同组合来保有其资产。

事实上，使资产选择复杂化的原因是，绝大多数人不仅想获得较高的收益率，而且也只想冒较小的风险。但现实中，由于不确定性的广泛存在，收益高的资产其风险也相对较高，投资者要想获得高收益率，就得以承担较大的风险为代价。由于经济主体对待风险的态度不同，他们所进行的资产选择差异也很大。根据对风险态度的不同，可以将人们分为三种类型：风险回避者、风险偏好者和风险中立者。

随着现代金融理论的发展，资产组合选择理论进一步发展为现代资产组合理论，研究在各种不确定的情况下，如何将可供投资的资金分配于更多的资产上，以寻求不同类型投资者所能接受的收益和风险水平相匹配的最适当、最满意的资产组合的系统方法。具有代表性的理论有：哈里·马科维茨的有效边界模型、威廉·夏普—林特纳的资本资产定价模型（CAPM）和斯蒂芬·罗斯的套利定价理论（APT）。

4. 行为组合理论

行为组合理论是在现代资产组合理论的基础上发展起来的，它由斯塔曼（Meir Statman）和谢弗林（Hersh Shefrin）于 2000 年首先提出。它针对均值—方差方法以及以其为基础的投资决策行为分析理论的缺陷，从投资人的最优投资决策实际上是不确定条件下的心理选择的事实出发，确立了以 E（w）和 Prob $\{w \leqslant s\} \leqslant \alpha$［其中 E（w）为预期财富，$\alpha$ 为某一预先确定的概率］来进行组合与投资选择的方法，以此来研究投资者的最优投资决策行为。该理论打破了现代投资组合理论中存在的局限：理性人局限、投资者均为风险厌恶者的局限以及风险度量的局限，更加接近投资者的实际投资行为，引起了金融界的广泛关注。

在行为组合理论中，投资人的投资决策实际上是不确定条件下的心理选择。斯塔曼和谢弗林在预期财富和财富低于可以维持的概率的情况下描绘了行为组合理论的有效边界。行为组合理论包括单一心理账户和多个心理账户，其中单一心理账户投资者关心投资组合中各资产的相关性，所以他们会将投资组合整个放在一个心理账户中；而多个心理账户投资者会将投资组合分成不同的账户，忽视各个账户之间的相关性。与现代资产组合理论认为投资者最优的投资组合应该在均值方差的有效前沿上不同的是，行为组合理论实际构建的资产组合是基于对不同资产的风险程度的认识以及投资目的所形成的一种金字塔式的资产组合。金字塔的每一层都对应着投资者特定的投资目的和风险特征。投资者通过综合考察现有财富、投资的安全性、期望财富水平、达到期望水平的概率等几个因素来选择符合个人愿望的最优投资组合。

第二节　家庭资产的分类及其作用

家庭资产可分为实物资产、金融资产和人力资本三大类，但由于财产性收入主要来自家庭的实物资产和金融资产，因而我们仅对实物资产和金融资产进行分析。

一、实物资产及其作用

实物资产是以实物形态存在于居民家庭中的各种资产，包括房地产、机动车和商品等。从经济学的角度来讲，居民家庭购买实物资产的目的主要有两个，一是消费，二是投资。具体而言，实物资产在居民家庭中的作用主要表现在以下三个方面：

（1）消费功能。即满足家庭成员日常生活的各种需要，如衣、食、住、行和文化娱乐等方面的需要。

（2）生产经营功能。这部分资产能投入到一定的生产经营活动中去，为家庭带来一定的收入，从而改善家庭生活，比如，农户的农业生产工具和私人企业主的生产设备等。

（3）投资的功能。这类资产的典型代表就是各种贵金属、珠宝首饰和艺术品等。这部分资产既是消费品，能满足人们的装饰（审美）需要，又具有投资的功能。如人们往往利用黄金制品来为资产保值，在通货膨胀期间，其价格能随通货膨胀一同上升，从而避免货币贬值带来的损失。又如家庭持有的古董、字画等收藏品，在满足家庭消费（观赏）之用的同时，也具有投资品的属性。

由于实物资产兼具消费和投资的功能，所以为满足日常的基本需求，家庭必须拥有最低量的实物资产。当然，随着家庭收入的增加、资产偏好的改变，家庭配置实物资产的种类和数量都会随之改变。同时，实物资产具有抵御通货膨胀风险的功能，从资产保值增值的角度来讲，家庭也会保有一定数量的实物资产。表 3.1 是中国城乡家庭资产负债概况。

表 3.1　　　　　　　　　中国城乡家庭资产负债表　　　　　　单位：元

资产分类	城镇	农村
金融资产	93 315	23 761
非金融资产	1 848 195	280 548
房产	712 210	175 890
总资产	1 941 510	304 309
负债	92 080	24 174
净资产	1 849 429	280 134

［资料来源］杭州生活通，CHFS。

二、金融资产及其作用

金融资产是指家庭持有的一切代表未来收益或资产合法要求权的凭证，是以价值形态存在的资产，是一种索取实物资产的权利。金融资产的最大特征是能够在市场交易中为其所有者提供即期或远期的货币收入流量。常见的家庭金融资产包括货币及货币等价物、固定收益证券、证券投资基金、股票等有价证券。

金融资产在居民家庭中的作用主要有以下几个方面：

（1）交易功能。这部分功能主要由货币资产来实现。货币具有交易媒介、价值尺度、贮藏手段、支付手段和世界货币的功能。在现代经济中，绝大部分的交易活动是通过货币来完成的，家庭作为一个微观经济主体，其在市场中购买商品和服务必须依靠货币性金融资产来进行，在提供生产要素后获得的收入也基本通过货币来实现。因而，每个家庭必须持有一定的货币资产来应付日常的开支，以保证家庭的正常运转。

（2）投资功能。居民家庭持有的金融资产除手持现金外，大部分金融资产都能带来一定的收益，但有的金融资产收益是固定的，有的是不确定的。如银行存款和国债的利息收入是固定的，而证券投资基金和股票的收益是不确定的。金融资产带来的收入包括利息（红利）收入和资本利得。前者是家庭将资金提供给他人使用或占用所获得的回报，是推迟消费获得的报酬；后者是从金融资产买卖差价中获得的收入。

（3）平滑消费功能。家庭或个人作为一个消费主体，必须在家庭生命周期里尽可能平衡分配其所占有的资源，保持日常消费水平的稳定。在收入高的年份进行积蓄以备未来之用，在无收入或收入降低的年份通过借贷消费或动用储蓄实现消费的平滑。除此之外，家庭不同生命周期阶段的支出也会不同，有时需要非预期的大额支出，或者因经济周期的存在使家庭的收入发生不利波动时，必须有一定储蓄准备，等等。因此，每个家庭必须拥有一定的风险比较低的金融资产来完成消费的平滑。

（4）管理风险功能。在居民家庭生存和发展的一生中，会面临各种各样的风险。一类是可以预期到的风险，如退休后收入水平的降低；另一类是预期不到的风险，如健康风险（指家庭成员因疾病、残疾和死亡带来的风险）、财产风险（指财产被盗、火灾以及贬值带来的风险）、失业风险（指家庭成员失去工作带来的风险），等等。因此，为了避免这些风险给家庭生活带来经济损失，造成负面影响，需要积极运用金融工具，达到管理风险的目的。比如，家庭可以购买健康保险、财产保险、社会保险以及调整相应的金融资产组合从而在一定程度上降低风险。

随着经济的发展，家庭收入不断提高，居民消费后的积累逐步增加，为金融资产的增长奠定了基础。同时，现代金融市场的发展、创新也为家庭金融资产的选择提供了广阔的空间。但由于不同金融资产的流动性、收益性和风险性不尽相同，同时，受经济因素诸如宏观经济走势、利率变动、通货膨胀率变化以及制度变迁的影响，金融资产预期收益和价格会产生很大波动。每个居民家庭有必要根据家庭的经济情况、实际生活需要和外部经济环境的变化，合理选择金融资产的种类，科学组合金融资产的比例结构，适时调整金融资产的持有期限，统筹兼顾家庭的消费、储蓄和投资决策，将金融资产的流动性、安全性和收益性有机地结合起来。因此，如何选择金融资产并进行有效的管理成为了居民家庭资产管理的重要内容。

三、实物资产与金融资产的关系

实物资产和金融资尽管资产形态不同，但都是家庭资产不可或缺的部分，两者之间存在替代和互补的关系。其中，替代关系体现为，在家庭收入一定的条件下，扣除家庭消费支出和在人力资本上的投资外，剩余部分不是以实物资产就是以金融资产的形式存在。二者存在此消彼长的关系：在一定资产总量的约束下，实物资产的增加意味着金融资产的数量减少；反之，亦然。

实物资产和金融资产也存在互补的关系，二者的本质都是以满足家庭各方面的需求，实现效用最大化为根本目标。所不同的是，除部分实物资产具有一定的投资功能外，实物资产主要是为满足即期消费的需要，比如耐用消费品、收藏品、黄金白银和房产等实物资产；金融资产是储蓄的存在形式之一，是一种生息资产，有满足未来消费需求的功能。一个理性的家庭既不可能将所有资产用于即期消费，而不关心未来消费问题；也不可能使即期消费等于零，而把所有资产全部积累起来。因此，必须把资产在实物资产和金融资产之间确定一个合适的比例，使之既能维持即期的消费水平，又能保证将来的消费能力，平滑一生的消费，从而使家庭生活尽可能稳定，避免经济和生活上的大起大落。从这个意义上说，实物资产和金融资产之间具有互补关系。

第三节　影响居民家庭资产组合的因素

一、影响居民家庭实物资产选择的因素

（一）收入水平影响家庭实物资产选择

家庭资产是家庭总收入扣除必要生活支出后的积累结果，因而家庭收入水平不仅影响家庭的消费，而且影响家庭实物资产的总量和结构。一般而言，居民家庭收入水平越高，消费水平也会越高，但随着收入的增加，边际消费倾向递减，边际储蓄倾向递增，居民家庭可用于资产配置的储蓄也就越多。在实物资产与金融资产配置比例不发生变化的假定前提下，家庭收入与实物资产选择正相关。也就是说，高收入家庭的实物资产总量会高于低收入家庭的实物资产总量。表3.2和表3.3是中国城镇和农村家庭可支配收入分布统计情况。

表 3.2　　　　　　　　中国城镇家庭可支配收入分布比较表　　　　　　单位：元

家庭财富层次	国家统计局	中国家庭金融调查与研究中心（CHFS）
全国	19 109	25 730
最低 20%（不含）	7 617	2 218
20%~40%（不含）	12 702	7 515
40%~60%（不含）	17 224	11 942
60%~80%（不含）	23 189	19 316
80%~90%（不含）	31 044	34 139
最高 10%	51 432	136 437

［资料来源］杭州生活通，CHFS。

表 3.3　　　　　　　　中国农村家庭可支配收入分布比较表　　　　　　单位：元

家庭财富层次	国家统计局	中国家庭金融调查与研究中心（CHFS）
全国	5 919	9 760
最低 20%（不含）	1 870	1 044

家庭财富层次	国家统计局	中国家庭金融调查与研究中心（CHFS）
20%~40%（不含）	3 621	2 935
40%~60%（不含）	5 222	5 225
60%~80%（不含）	7 441	8 237
最高20%	14 050	27 790

［资料来源］杭州生活通，CHFS。

（二）价格水平与变化影响家庭实物资产选择

依据资产选择理论，在其他条件不变的情况下，家庭的资产选择主要取决于资产收益水平的高低，而资产的收益率与资产价格是负相关的，即资产的价格越高，其收益率就会越低，反之则反是。如此看来，家庭对实物资产的选择主要取决于以下三个方面：

（1）在金融资产市场价格水平一定的情况下，如果实物资产市场的价格水平下降，家庭倾向于增加对实物资产的选择；反之，家庭会倾向于减少对实物资产的选择。在市场因素中，影响家庭实物资产选择的因素主要有实物资产的价格水平和实物资产的供给状况。根据需求定律，在其他条件一定的情况下，商品的价格越高，人们的需求就会越少；价格降低，需求就会增加。实际上，物价上升意味着在居民收入水平一定的情况下，居民的实际购买力下降；反之则相反。居民愿意购买的实物资产价格的下降，将刺激居民的购买热情；相反，居民愿意购买的实物资产价格的上升，将抑制居民对实物资产的选择。

（2）在实物资产市场价格水平一定的情况下，如果金融市场的价格上升，收益率下降，家庭会倾向于增加对实物资产的选择；反之，家庭则会倾向于减少对实物资产的选择。另外，在居民家庭收入水平一定的情况下，根据收入效应和替代效应，价格的变化既影响居民对不同价格水平的实物资产的选择，同时也会制约居民在实物资产和金融资产上的分配比例。

（3）按照供给需求理论，需求的满足与否还受到商品供给的约束。由于实物资产的供给受到一国经济发展水平尤其是科学技术水平的制约，因而在许多发展中国家常常存在居民的"被强制选择"现象。如我国在计划经济年代里，消费者的购买行为是计划者计划的一部分，消费者消费的种类、数量和消费方式都是事先由计划者计划好的，消费者总体上处于被动的、被束缚的状态。而在市场经济条件下，随着资产类别的不断丰富，居民已能比较自由地配置实物资产。

（三）经济发展水平与消费文化影响家庭实物资产选择

在家庭因素中，影响居民家庭实物资产选择的因素主要是居民家庭的消费结构和消费观念。其中，消费结构指的是各项消费支出占总消费支出的比重。随着经济的持续快速发展，居民收入和生活水平不断提高，在消费总支出中，生存型消费占比不断缩小，发展型和享受型消费占比逐渐增大，对耐用消费品的拥有量也不断增加；同时，随着家庭消费品的升级换代，对耐用品的更新也逐步加快，带来了对科技性能高和外观美观的产品的需求。

在消费观念方面，比较具有代表性的消费观念有两种：一种是中国传统的节俭消费观；另一种是西方消费主义思潮。随着我国经济社会的发展和制度的变革，我国居民的消费观念也在发生着重大变化，努力平滑家庭生命周期内的消费支出，争取消费效用最大化，逐步成为家庭主流的消费观念。近年来，中国居民对耐用消费品和居住支出的比重逐步增加，不断改善居住环境和生活水平，提高幸福满意度。另外，根据相对收入假说，由于人们在消费上存在攀比和示范效应，随着中国整体经济发展水平和居民收入水平的提高，一定程度上也提高了居民在家庭耐用消费品和房屋购置上的支出，从而影响了家庭对实物资产的需求。

二、影响居民家庭金融资产选择的因素

（一）制度因素

制度是一个社会的游戏规则，或更规范地说，它们是为决定人们的相互关系而人为设定的一些制约。制度改变，人们的行为就会随之改变。因此，制度的变迁，对于处于经济转型期的家庭经济行为具有重要的影响。目前情形下，影响中国家庭金融资产选择的主要因素有收入分配制度和社会保障制度。

1. 收入分配制度与家庭金融资产选择的相关性

在上一章中，我们主要分析了目前的收入分配制度对居民财产性收入的影响，而没有涉及收入分配制度对家庭金融资产选择行为的影响。目前来看，中国的收入分配制度对家庭金融资产选择的影响主要体现在以下两个方面：

（1）现阶段我国的国民收入分配格局仍然过多地偏向国家利益，居民的收入增长速度明显低于政府的收入增长速度，制约着居民财富总量的增长。统计资料显示，1990—2012 年的 22 年间，财政收入增长了 38.9 倍（其中中央财政收入增加了 55.6 倍）。同期 GDP 总量（以现价计）仅增加了 26.6 倍，而城镇居民可支配收入与农村居民人均纯收入只分别增加了 15.3 倍和 10.5 倍。如

此的收入分配格局不利于居民收入水平的快速提高，居民可配置的财富总量较少。在居民财富总量偏少的情况下，一方面普通家庭的风险承受能力较低，居民在金融资产的选择上较为谨慎；另一方面缩小了普通家庭金融资产选择的范围，较少品种的金融资产组合推升了普通家庭金融资产组合的风险水平。

（2）收入分配差距有不断扩大的趋势。改革开放以来，在中国经济快速发展的进程中，与此相伴的是居民收入差距的不断扩大，并引起了社会各界的普遍关注与讨论。西南财经大学中国家庭金融调查与研究中心（CHFS）的数据显示：2012年12月，全国基尼系数为0.61，其中，城镇家庭基尼系数为0.58，农村家庭基尼系数为0.61；而2010年世界基尼系数平均值仅为0.44。这里姑且不论这种现象产生的深层原因和社会效应，仅从对家庭金融资产选择的影响看，少数财富总量较大的富裕人群因其资产选择的范围扩大，金融资产组合的风险水平相对较低；而绝大多数普通家庭因其资产选择的范围缩小，金融资产组合的风险水平较高，一定程度上推高了中国家庭金融资产组合的风险水平。

表3.4和表3.5是中国城乡与东、中、西部收入差距的比较。

表3.4　　　　　　　　中国城乡收入差距比较表　　　　　　单位：元

收入分类	城镇	农村	城镇/农村（倍）
总收入	78 944	35 806	2.2
工资性收入	34 402	14 705	2.3
生产经营收入	21 583	15 185	3.5
投资性收入	5 585	635	8.8
转移性收入	17 375	5 280	3.3
退休、养老、住房公积金、贫困补贴等	13 167	2 386	5.5
人情往来等	4 208	2 894	1.5

［资料来源］杭州生活通，CHFS.

表3.5　　　　　　　　中国地区收入差距比较表　　　　　　单位：元

收入分类	东部	中部	西部	东部/西部（倍）
家庭平均总收入	82 128	34 134	31 854	2.6
工资性收入	34 921	15 973	12 820	2.7
生产经营收入	25 894	10 053	10 851	2.4
农业收入	3 662	4 796	8 460	0.4

表3.5(续)

收入分类	东部	中部	西部	东部/西部（倍）
工商业收入	22 232	5 257	2 391	9.3
投资性收入	5 649	687	640	8.8
转移性收入	15 664	7 421	7 542	2.1
退休、养老、住房公积金、贫困补贴等	11 481	4 099	5 031	2.3
人情往来等	4 183	3 323	2 511	1.7

［资料来源］杭州生活通，CHFS。

2. 社会保障制度与家庭金融资产选择的相关性

社会保障制度是国家保障居民在各种不利环境下基本生活不受影响的一种制度安排，通过国民收入再分配的方式来实现。在社会保障制度缺失和不完善的情况下，普通家庭出于对生活前景的担忧，或者为应对未来基本生活的不确定性，保证在失业、患病和年老等不利条件下的基本生活水平，居民可能会增加一些预防性的储蓄安排。从这个意义上讲，社会保障制度不完善会减少家庭的即期消费，降低即期生活水平，增加金融资产配置的数量。但在金融资产的选择上，由于此种金融资产选择多是出于保障生活的目的，居民家庭会倾向于选择以储蓄存款为主的低风险金融资产，金融资产选择的单一结构制约着资产收益水平的提高和风险管理的途径。而在社会保障制度相对完善的情况下，一定程度上消除了普通家庭对生活前景的担忧，人们要么在保持即期消费水平不变的情况下，将更多的储蓄配置到高收益的金融产品上，提高财产性收入水平；要么提高即期消费水平，扩大社会总需求，促进经济增长和居民收入水平的提高。因此，社会保障制度不仅影响整个社会金融资产选择的规模，而且也影响家庭金融资产配置的结构。

目前我国社会保障程度较低。西南财经大学中国家庭金融调查与研究中心（China Household Finance Survey，CHFS）进行的一项全国性调查的数据显示：71%的贫困家庭未获得任何政府补贴，45%的人退休后没有任何社会养老保险和退休工资，失业保险参保率仅有30%，保障程度也仅有平均工资的17%；医保覆盖面虽广，但保障程度差别较大，2011年，新农合报销比例仅为26%，城镇职工基本医疗保险的报销比例仅为50%。

（二）经济因素

1. 家庭财富水平与金融资产选择的相关性

根据凯恩斯的边际消费倾向递减规律，随着人们可支配收入的增加，消费增加量会小于收入增加量。即是说，随着整体经济水平的发展和居民收入水平的提高，整个社会的储蓄倾向有提高的趋势。在实物资产市场和金融资产市场不发生根本性变化的前提下，居民储蓄的增加意味着金融资产选择的增加，或者说金融资产市场规模的扩大。而且，随着整个社会家庭财富水平的提高，家庭整体风险承受能力随之提高，深刻影响着家庭金融资产选择或资产结构调整。整体上看，财富水平的提高可能会使更多的家庭选择风险较高、收益较高的金融资产，改变着整个金融市场的结构。

2. 金融市场收益率水平与家庭金融资产选择的相关性

利率水平对居民家庭金融资产选择具有重要影响，因为利率是资金的价格，是资金使用者给予资金所有者的报酬或补偿。金融市场利率水平对居民家庭金融资产选择的影响主要体现在两个方面：①金融市场利率水平提高，居民倾向于增加家庭的金融资产选择，反之则反是。理论上讲，利率对储蓄或消费的影响具有替代效应和收入效应，且影响方向相反。替代效应说的是，利率水平提高，消费的机会成本提高，居民会倾向于减少即期消费，增加储蓄，即消费与储蓄之间的替代；收入效应说的是，利率水平提高，储蓄的收益增加，收入水平的提高会反过来提高居民的即期消费，减少储蓄。一般说来，利率的替代效应大于收入效应，或者说，利率与储蓄是正相关关系。②在实物资产市场价格水平一定的情况下，金融市场利率变化会引起家庭的资产结构调整。金融市场利率水平提高，意味着实物资产选择的机会成本上升，家庭倾向于减少对实物资产的选择，增加对金融资产的选择，引起金融资产对实物资产的替代或资产结构调整。

（三）市场因素

金融资产自身的特性及其市场的发育完善程度影响居民家庭金融资产的选择。金融资产的特性包括收益性、流动性和安全性。资产的收益性是指人们购买金融资产可以给人们带来超过本金的那部分收益，它可能是价格变动带来的，也可能是分红、利息等带来的。预期收益的大小，将直接影响人们的资产选择行为。收益预期分为固定收益预期和变动收益预期，居民是选择固定性预期收益的资产还是选择变动性预期收益的资产，则主要取决于选择者的风险偏好。

1. 金融资产的安全性与资产选择的相关性

金融资产的风险是指人们持有金融资产时遭受损失的概率大小，或者说，金融资产的风险是对金融资产价格波动率大小的度量，金融资产的波动率越大，其风险也就越大。理论上讲，金融资产风险与收益是正相关的，即风险较大的金融资产，其收益也相对较高。从金融资产的安全性方面看，金融资产的风险是对其安全性高低的度量，金融资产安全性越高，其风险就越小；相反，金融资产的安全性越低，其风险也就越高，二者呈负相关关系。在传统的金融学分析框架内，所谓的"理性人"泛指风险厌恶者，即是说理性的金融市场参与者都是风险规避者，金融理论中所谓的最优资产组合指的是风险最小化的资产组合，而并非收益最大化的资产组合。但是金融资产风险和收益总是相伴相生的，收益较高的金融资产必然伴随着较高的风险水平，而风险水平较低的金融资产意味着较低的收益水平，绝对无风险的金融资产意味着零收益。我们唯一的选择只能是根据自己的风险偏好和承受能力，进行风险与收益权衡，在风险与收益水平不同的金融资产组合中做出自己的选择。

2. 金融资产的流动性与资产选择的相关性

金融资产的流动性是指资产在不发生损失的情况下迅速变现的能力，反映了金融资产变现的难易程度。理论上讲，金融资产的流动性越高，或资产的变现能力越强，金融资产的安全性就越高，收益水平就会越低。这样看来，如果一种金融资产的流动性趋于无穷大，即可称为绝对安全的金融资产，其收益率就会趋于零，现金即是典型的这类金融资产；相反，金融资产流动性越低，或资产越是难以变现，资产的安全性就越低，风险就会越高，其收益水平就会越高。因此，在金融市场参与者为"理性人"或风险厌恶者的假定下，人们总是倾向于选择流动性高的金融资产，即是凯恩斯所说的流动性偏好。

3. 金融市场发育程度与资产选择的相关性

家庭的金融资产选择与金融市场的发育程度密切相关。简单地说，金融市场是资金盈余者与资金短缺者直接进行资金融通或借贷的场所，或金融资产交易的场所，属于直接融资的范畴。主要包括货币市场和资本市场。前者是指一年期以内的短期资金融通的场所；后者是指一年以上中、长期资金融通的场所。因此，存在一个发育良好的、完善的金融市场是家庭金融资产选择的前提条件。改革开放以来，我国的金融市场虽然已经得到了极大的发展，但由于市场发展的背景、历史以及体制等方面的原因，金融市场尚存在不够规范或不够完善的地方，诸如金融资产品种较少、风险收益不对称、金融市场信息不够透明以及价格波动较大等。这不仅限制了中国居民对金融资产品种的选择范围，而且还增加了居民金融资产选择的风险。从现有中国家庭的资产组合看，实物资产配置仍然占绝对大的比重，金融资产的配置比例较低，而且储蓄存款依然是家庭金融资产选择的主要品种。详细情况见下表3.6。

表 3.6　　　　　　　　2012 年中国家庭资产结构表

房地产	存款现金	股票、债券、理财产品等	保险准备金
63%	27%	6%	4%

［数据来源］中国人民银行，海通证券研究所。

第四节　家庭资产组合的调整趋势

一、西方国家家庭资产组合及其调整趋势

（一）从发达国家家庭资产组合行为演变的历程来看，家庭资产选择的金融化即金融资产占比上升是家庭资产配置的一般趋势

张海云（2010）分别以美国作为市场主导型金融体制的代表、以日本作为银行主导型金融体制的代表，对其家庭资产组合的调整趋势做了研究。美国的家庭资产结构表明，金融资产的相对重要性逐渐增大，在总资产中的比例从 1992 年的 31.6% 持续上升到 2001 年的 42.2%，而在金融资产中，交易账户、储蓄账户、储蓄性债券和债券的占比较低，而股票、共同基金和退休账户在金融资产中的占比较大。而日本家庭资产结构的变化也呈同样的趋势，1987—1999 年间，日本家庭的金融资产份额一直呈上升趋势。因而，随着经济的发展，家庭资产的选择呈金融化的特征。

家庭资产选择的金融化可以归结为经济金融化在家庭部门的具体表现。随着货币的流通和信用的长期相互渗透，形成新的而且不断扩展的金融范畴与实体经济溶液，经济的金融化过程开始出现。经济金融化的进程逐步渗透到家庭部门，提高了家庭资产选择的金融化程度。一方面，家庭将消费后的剩余货币转化为金融资产并不断积累起来；另一方面，家庭的货币收入转化为生息资本后，尤其是经过资本市场证券化形成各种虚拟资本之后，便游离于物质再生产过程之外，按照其自身独特的运动规律不断增值、膨胀和扩张，其发展速度远远超过实体经济的发展速度。对于家庭而言，就是家庭金融资产总量的攀升和家庭金融资产选择的金融化趋势。

（二）金融资产的内部结构中，风险性金融资产占比呈上升的趋势

我们将金融资产分为非风险性金融资产和风险性金融资产。其中，非风险性金融资产，包括现金、储蓄存款、货币基金、储蓄性债券等；而风险性金融资产则为除上述金融资产之外的其他金融资产。张海云（2010）指出，近年

来发达国家中不仅参与风险性投资的家庭比例上升了，家庭中风险资产的比重也在不断提高，如美国家庭持有的风险性金融资产由 1989 年的 31.9%上升到 2007 年的 71.6%。

美国消费者金融调查数据（SCF）显示，在非金融资产中，住房作为家庭的主要实物资产，占比为 60%左右，可见美国居民倾向于持有更多房屋资产。欧洲各国金融资产的配置结构比较多元化，而非金融资产才是家庭财富的主要组成部分，不过与金融资产相比，其配置结构比较单一，主要由房屋和土地两部分组成。从 SCF 调查表中可知，大部分国家的非金融资产占据了家庭财富的大半壁江山，由此可见房地产的影响力（Iwaisako，2003）。

二、中国家庭资产组合及其调整趋势

（一）中国家庭实物资产与储蓄存款之间存在替代趋势，金融资产占比下降

由于我国经济发展仍处在转型经济时期，经济发展水平与发达国家还有距离，因此，对于我国居民家庭而言，由于受收入水平、财富水平、金融市场发育程度以及普通居民金融意识等因素约束，我国家庭资产选择金融化的程度较低，实物资产占比居高不下，而实物资产中又以房产的占比最高，表明目前中国家庭的资产组合结构单一，风险相对较高。见表 3.7 和表 3.8。

表 3.7　　　　　　　　　　中国富裕家庭资产结构表

	全国	资产前 5%	资产前 1%
金融资产	5.2%	3.3%	1.3%
非金融资产	94.8%	96.7%	98.7%
负债	5.1%	3.9%	3.3%
净资产	94.9%	96.1%	96.7%

［资料来源］杭州生活通，CHFS。

表 3.8　　　2001—2012 年居民商品房投资额与储蓄存款增量比较表

	居民商品房投资额 （亿元）	城乡居民人民币储蓄存款增量 （亿元）
2001 年	4 402.99	9 430.05
2002 年	5 473.42	13 148.22
2003 年	7 144.35	16 707.00

表3.8(续)

	居民商品房投资额 （亿元）	城乡居民人民币储蓄存款增量 （亿元）
2004 年	9 501. 71	15 937. 74
2005 年	16 208. 03	21 495. 60
2006 年	19 706. 09	20 536. 31
2007 年	28 988. 62	10 946. 89
2008 年	23 431. 07	45 351. 16
2009 年	42 902. 66	42 886. 31
2010 年	48 733. 76	42 530. 83
2011 年	52 298. 98	40 333. 40
2012 年	57 450. 74	55 915. 11

［数据来源］国家统计局数据。其中居民商品房投资额为当年住宅商品房销售额与别墅、高档公寓销售额之和。

表3.8数据显示，近年来，我国家庭用于商品房购买支出与储蓄存款均呈稳步增长的态势，但商品房购买支出增速快于人民币储蓄存款的增长速度。2009年以来，居民每年的商品房购买支出额都高于人民币储蓄存款的增量，说明房产在我国家庭资产组合中的比重有上升的趋势，与近年来房产价格趋势正相关。

（二）金融生息资产与储蓄存款之间存在替代，金融生息资产占比上升

目前来看，中国家庭的金融资产选择仍然以银行产品（储蓄存款和银行理财产品）为主，银行存款和现金等无风险资产占比较高，风险类金融资产占比较低。总的来说，我国居民家庭对于金融资产的配置还处于较低的层次，风险偏好较低。但张海云（2010）通过对我国家庭金融资产收入分布的统计数据分析发现，随着家庭收入水平的提高，金融财产性收入在家庭总财产性收入中的占比越来越大（见表3.9），说明我国居民家庭金融资产配置正在向更高层次发展，同时对于增加居民财产性收入的贡献越来越大，因而推进财富管理市场的发展，为居民提供更丰富的金融资产，对于居民增加财产性收入具有重要作用。

表3.9　　　　　　　　　　　　**中国家庭金融资产结构表**

种类	占比（%）
银行存款	57.75
现金	17.93
股票	15.45
债券	1.08
基金	4.09
衍生品	0.78
银行理财产品	2.43
非人民币资产	0.01
黄金	0.48

［资料来源］杭州生活通，CHFS。

　　银行理财产品的大规模兴起与发展，引起了中国家庭金融资产的结构调整。

　　（1）固定收益类银行理财产品预期收益率明显高于同期限储蓄存款利率，即是说，目前情况下，金融产品市场存在着明显的无风险套利机会。因此，银行理财产品有部分替代储蓄存款的倾向。随着商业银行负债业务理财化趋势的发展，商业银行传统意义上的负债规模（储蓄存款）有下降的趋势。

　　（2）银行理财产品因信用水平与预期收益率存在明显优势，尤其是对于低收入普通家庭和风险厌恶者具有特别的吸引力，有部分替代平行金融市场产品（股票、信托产品、保险类理财产品等）的倾向。

表3.10　　　　　**2001—2012年中国主要生息金融资产规模表**　　　单位：亿元

年份	储蓄存款	债券	股票	基金	信托	银行理财
2001年	73 762.43	24 367.72	43 522.20	804.23	—	—
2002年	86 910.65	31 271.10	38 329.13	1 318.85	—	—
2003年	103 617.65	42 015.31	42 457.72	1 614.67	—	—
2004年	119 555.39	53 896.06	37 055.57	3 308.79	—	—
2005年	141 050.99	72 988.34	32 430.28	4 714.18	—	—
2006年	161 587.30	91 900.56	89 403.89	6 220.67	—	—
2007年	172 534.19	124 021.43	327 141.00	22 339.80	—	—

年份	储蓄存款	债券	股票	基金	信托	银行理财
2008 年	217 885.35	151 923.83	121 366.43	25 741.79	12 200.00	8 200.00
2009 年	260 771.66	175 601.66	243 939.12	26 767.05	20 200.00	9 700.00
2010 年	303 302.49	201 500.35	265 423.00	24 228.35	30 404.55	17 000.00
2011 年	343 635.89	219 724.47	214 758.10	26 510.37	48 114.38	45 900.00
2012 年	399 551.00	260 438.41	230 357.62	31 708.41	74 705.55	71 000.00

［数据来源］国家统计局，普益财富金融数据终端（www.pywm.com.cn），choice 资讯。

表 3.10 数据显示，在中国居民金融资产配置中，储蓄存款占比在 2005 年达到顶峰，而之后占比开始逐年下降。其主要原因可能是 2004 年以后，中国居民的投资理财渠道逐步拓宽，信托和银行理财产品等固定收益类金融资产与储蓄存款风险相当，而收益率却显著高于同期限储蓄存款利率，逐步成为家庭金融资产选择的主流品种。

表 3.11　　　　　2001—2012 年中国主要生息金融资产占比表

年份	储蓄存款	债券	股票	基金	信托	银行理财
2001 年	51.78%	17.11%	30.55%	0.56%	—	—
2002 年	55.07%	19.81%	24.29%	0.84%	—	—
2003 年	54.62%	22.15%	22.38%	0.85%	—	—
2004 年	55.92%	25.21%	17.33%	1.55%	—	—
2005 年	56.15%	29.06%	12.91%	1.88%	—	—
2006 年	46.29%	26.32%	25.61%	1.78%	—	—
2007 年	26.71%	19.20%	50.64%	3.46%	—	—
2008 年	40.55%	28.27%	22.59%	4.79%	2.27%	1.53%
2009 年	35.38%	23.83%	33.10%	3.63%	2.74%	1.32%
2010 年	36.03%	23.94%	31.53%	2.88%	3.61%	2.02%
2011 年	38.24%	24.45%	23.90%	2.95%	5.35%	5.11%
2012 年	37.42%	24.39%	21.57%	2.97%	7.00%	6.65%

［数据来源］国家统计局，普益财富金融数据终端（www.pywm.com.cn），choice 资讯。

（三）互联网金融理财产品对储蓄存款存在着替代趋势

互联网金融理财产品的大规模兴起与发展开始于 2013 年 6 月，以"余额宝"的出现为标志性事件，这是一种第三方支付与货币市场基金相结合的创新类金融理财产品。与传统的货币市场基金相比，互联网金融理财产品的实时赎回与转账结算突破了传统货币市场基金的流动性较差的局限，使得此类金融理财产品除了风险水平和流动性与银行活期存款不相上下外，收益率水平明显高于银行活期存款，在家庭金融资产选择中具有明显的竞争优势，已经和正在引起较大规模的家庭金融资产替代。

进入 2014 年以来，包括腾讯、百度、网易在内的国内互联网巨头纷纷进入互联网金融领域，互联网金融理财迎来了一个爆发性增长时期，"余额宝"、"苏宁零钱宝"、"微信理财通"、"百度百赚利滚利"、"汇添富现金宝"、"平安盈"等互联网金融理财产品相继登陆中国金融市场，市场规模不断扩大，参与人数众多，大规模的以互联网金融理财产品替代银行活期存款的现象已经发生，引起了诸多关注与争论。"支付宝"和"天弘基金"发布的数据显示，截至 2014 年 1 月 15 日 15 点，"余额宝"规模已超过 2 500 亿元，客户数超过 4 900 万户。无论这些市场数据是否准确和完整，包括商业银行在内的各种"宝宝"类互联网金融理财产品不断涌现、市场数据不断刷新、社会公众和金融监管部门的关注度日益提高等，均表明互联网理财产品对中国家庭金融资产结构调整以及对金融市场的影响不可小觑。

相比于传统的理财产品，互联网金融理财产品具有以下特点：

（1）风险水平总体较低。由于该类理财产品定位为现金管理，其目的是为了与传统商业银行争夺活期存款、短期限定期存款、短期理财产品的客户，以银行协议存款为主的资产配置策略，使得该类理财产品的信用水平与银行存款信用水平基本相同。

（2）收益率水平不仅明显高于同期限银行存款利率，而且还略高于传统货币市场基金的收益水平。这是因为传统货币型基金一般通过银行柜台渠道销售，而互联网金融理财产品则直接通过互联网销售，二者的销售费率之差可能是互联网金融理财产品的收益率略高于传统货币市场基金收益率的原因之一，可以理解为本应属于银行的收益转移给了互联网金融理财产品的购买者，具有普惠金融的性质。

（四）网络借贷债权对金融机构债权存在着替代趋势

P2P（Peer to Peer Lending，又称"人人贷"）网络借贷平台，是指连接借贷双方的第三方网络平台，依据贷款方和借款方的双向选择，实现个人对个人的小额借贷行为，这种模式是互联网时代的衍生融资模式，其核心是互联网时代的去金融中介化或金融脱媒。

在传统的间接融资模式中，从资产选择的角度看，家庭持有的银行存款属于债权类金融资产，存款人是债权人，银行是债务人，存款资产持有人的风险主要来源于商业银行的信用风险。在存在存款保险制度的环境下，存款人的最后保障来源于存款保险赔偿；在不存在存款保险制度的环境下，存款人的最后保障依赖于国家信用的支撑。这样看，存款资产的风险水平决定于存款类金融机构的信用水平以及有关的制度安排。从中国目前网络借贷的风险控制模式考察，主要包括：

（1）网络借贷无担保模式。它是指平台仅发挥信用认定和信息撮合的功能，提供的所有借款均为无担保的信用贷款，由贷款人根据自己的借款期限和风险承受能力自主选择借款金额和借款期限，贷款逾期和坏账风险完全由贷款人自己承担，网贷平台没有本金保障承诺，也未设立专门的风险准备金以弥补贷款人可能发生的损失。

（2）网络借贷有担保模式。它包括第三方担保模式和平台自身担保模式。第三方担保模式是指P2P网贷平台与第三方担保机构合作（有担保资质的小额贷款公司或担保公司），借款本金保障全部由外部担保机构完成，P2P网贷平台不再参与风险性服务。如陆家嘴金融交易所的"稳盈-安e贷"等；平台自身担保模式则是指P2P网贷平台设立风险备用金账户，该账户中的风险备用金由网贷平台按照贷款产品类型及借款人的信用等级等信息，在每笔借款的服务费中按不同比例计提。当借款人（债务人）逾期还款超过30日时，网贷平台将按照事前的约定，从该账户中提取相应资金用于偿付贷款人（债权人）应收取的本息金额。

从上述的考察可以看出，无论是无担保的网络借贷还是有担保的网络借贷，在没有获得金融牌照之前，网络借贷平台均不能作为资金借贷主体存在，或者说不能作为债权人或债务人存在，这是目前法律、法规的底线。与传统的金融中介融资模式相比，网络借贷债务人的信用水平一般都低于金融机构的信用水平，同期限网络借贷收益率与银行存款利率之间的差额，反映着债务人对债权人的风险补偿，符合风险与收益相对称的金融资产特征。

随着中国P2P网络借贷市场的快速发展与逐步规范，以及包括信息费用在内的交易费用逐步降低，一定规模的家庭金融资产替代可能无法避免。即是说，家庭将会以网络借贷债权资产替代部分银行储蓄存款，影响着中国的金融市场结构。一种情况是，以无担保的网络借贷债权资产替代部分银行储蓄存款，可视为风险类金融资产对无风险金融资产的替代，在收益水平提高的同时，家庭金融资产组合的风险水平相应上升，替代的程度取决于网络借贷市场的整体风险水平以及家庭风险偏好的改变，具有某种不确定性；另一种情况是，以有担保的网络借贷债权资产替代部分银行储蓄存款，可视为风险水平基本相同的金融资产之间的替代，在收益水平提高的同时，并不一定意味着家庭金融资产组合风险水平的上升，是具有某种帕累托改进意义上的金融资产替代，具有一定的趋势性。按照"网贷之家"对 90 家网贷平台成交的统计数据估算，2013 年网络借贷行业整体交易规模为 1 058 亿元左右，一定程度上反映了家庭金融资产替代的趋势。

第五节　家庭金融资产结构调整的货币政策效应分析①

一、家庭金融资产替代与货币政策有效性分析

传统上看，中央银行作为货币政策的制定者和执行者，其调控货币供应量（M2）的主要手段是运用货币政策工具（法定准备金率、再贴现率、公开市场操作和窗口指导），在微观经济主体货币需求函数稳定的假设下，通过货币供应量的增加或减少来调控金融市场的利率水平，从成本和收益变动的角度影响或改变微观经济主体的投资、消费等支出行为，进而通过总需求的变动实现调控经济增长速度、物价水平等宏观经济指标的政策目标。在目前中国的约束条件下，从货币政策传导机制考察，商业银行理财产品大规模发行引起了家庭金融资产结构调整，影响着中央银行货币政策有效性。

（一）商业银行理财产品的大规模发行减少了传统银行存款的规模，缩小了法定存款准备金的缴存范围，降低了法定存款准备金率作为货币政策工具的效力

法定存款准备金率作为一个数量型的货币政策工具，其主要功能是中央银行通过其升降以实现基础货币供应量的增减，在货币乘数稳定的情况下，可以实现调节整个商业银行系统派生存款数量或货币供应量的目的。按目前中国人民银行的有关规定，银行理财产品的募集资金并不完全是商业银行的负债，表内理财业务作为自营负债业务，目前纳入存款项下管理，按照中央银行规定的存款准备金率和备付金率上交存款准备金和超额备付金，但商业银行基于代客理财的所谓财富管理业务所募集资金不计入一般性存款的范围，除理财产品中

---

① 孙从海．家庭金融资产替代与货币政策有效性——基于中国商业银行理财产品市场的考察与分析［J］．南方金融，2013（1）．

的结构性存款计入一般性存款外，其他类型的理财资金均不受存款准备金制度的约束，此类银行理财业务属于银行表外资产业务。在此情形下，随着银行理财产品发行规模的不断扩大，且在银行理财产品预期收益率明显高于银行同期储蓄存款利率的情况下，金融市场存在着明显的无风险套利机会，家庭金融资产替代的大规模出现将会使传统意义上的银行存款数量逐步减少，法定存款准备金率的货币政策工具功能将会逐步减弱。在银行理财业务完全替代传统存贷业务的极端情况下，法定存款准备金率便失去了货币政策工具的功能。从现象上观察，2010年1月18日至2011年6月20日，中央银行共12次上调法定存款准备金率，大型金融机构的法定存款准备金率从16%上调至21%，但除个别月份外，货币供应量（M2）的增速并未有明显的变化。也就是说，法定存款准备金率作为货币政策工具的作用正逐步减弱。其中的原因可能有多种，但银行理财产品的大规模发行可能是主要原因之一，这就部分验证了我们以上的推论。

（二）商业银行理财产品的大规模发行降低了中央银行再贴现率作为货币政策工具的效力

中央银行改变再贴现率的目的是要影响商业银行的融资成本，以期达到改变金融市场利率水平和微观经济主体融资需求的目的。从传导机制上看，中央银行提高或降低再贴现率，其意图在于通过影响商业银行的融资成本，一方面，在商业银行贷款利率水平一定的情况下，其融资成本的变动影响商业银行的贷款意愿；另一方面，在贷款利率水平变化的情况下，影响微观经济主体的借款需求，从而达到收缩或扩张货币供应量的目的。因此，在利率市场化和商业银行利润最大化假设前提下，再贴现率作为中央银行一种价格型的货币政策工具，有调节货币供应量的功能。但在一个利率非市场化或利率管制的环境中，中央银行并不通过再贴现率间接影响金融市场利率水平，而是直接管制法定的存款、贷款利率水平。理论上讲，在银行理财产品大规模存在的情形下，商业银行的资产规模扩张完全可以不再单纯依赖传统的负债业务扩张，通过基于财富管理的理财产品募集资金将存量资产证券化或委托贷款即可达到信贷资产扩张之目的。在极端的情况下，商业银行可能根本无需向中央银行以再贴现的方式融资，通过发行理财产品募集资金也完全可以达到资产扩张的目的。因此，中央银行再贴现率变动对货币供应量的影响力出现了不同程度的减弱。

（三）商业银行理财产品大规模发行有促进中央银行公开市场业务有效性的倾向

公开市场业务指的是中央银行直接进入债券市场进行债券交易，通过买进或卖出债券直接扩张或收缩基础货币，以达到调控货币供应量和利率水平的目的。在中国目前银行间债券市场的交易商准入制度下，债券市场存在着较为严格的准入门槛，普通的投资者尚无法自由进入债券市场进行交易。因此，制约了公开市场业务作为中央银行货币政策工具的有效性，取而代之的是中央银行通过发行和回购中央银行票据进行基础货币调节，政策作用的层面仅限于中央银行和商业银行等主流金融机构之间，市场规模难以扩张、交易工具和主体单一化使得此项业务尚不具备真正意义上的货币政策工具功能。近年来商业银行理财产品的大规模出现使得这一状况逐步改观：一方面，商业银行债券类理财产品的大规模发行扩大了市场的交易规模，债券市场的收益率对金融市场利率水平的影响逐步增强，扩大了中央银行公开市场操作的广度和深度；另一方面，间接地扩大了债券市场的参与主体，有分散金融市场风险、增强货币政策传导机制和货币政策有效性的倾向。

二、金融监管行为与家庭金融资产调整分析

上文我们简要分析了商业银行理财业务对传统货币政策工具调控货币供应量的影响机制，给出了商业银行理财业务发展一定程度上影响着货币政策有效性的结论。照此逻辑推理，能够影响商业银行理财市场发展的金融监管部门，其行为也理应对家庭金融资产结构调整和货币政策有效性产生某种程度的影响。目前看来，社会融资总量有取代货币供应量（M2）作为货币政策中介指标的倾向。中国人民银行《2011年一季度金融统计数据报告》中首次提出了"社会融资总量"的概念，引起了社会各界的广泛关注与讨论。按中国人民银行的统计口径，社会融资总量主要包括：①金融机构的资产。主要包括：人民币各项贷款、外币各项贷款、信托贷款、委托贷款、金融机构持有的企业债券和非金融企业股票、保险公司的赔偿和投资性房地产等。②实体经济利用规范的金融工具在正规金融市场上的直接融资。主要包括：银行承兑汇票、非金融企业股票筹资及企业债的净发行等。③其他融资。主要包括：小额贷款公司贷款、贷款公司贷款、产业基金投资等。

（一）严格的资本充足率监管强化了商业银行负债业务理财化的趋势

目前，中国银监会全面借鉴了巴塞尔新资本协议监管框架，颁布实施了新的《商业银行资本充足率管理办法》，一方面大幅提高了表内资产风险权重，另一方面对计入资本的项目进行了调整，特别是剔除了专项拨备、其他准备金及当年未分配利润，导致资本净额下降，商业银行核心资本充足率的监管约束着商业银行的资产规模扩张。在利润驱动和市场竞争的压力之下，商业银行运

用信托原理大规模发行理财产品是实现资产扩张的有效途径，负债业务理财的倾向已经开始出现。此外，在目前约束条件下，为降低信托产品和信托公司的市场风险，以避免中国当年信托公司"集体沉没"现象重演，核心资本充足率的监管政策有可能延伸到信托行业。倘若如此的话，信托产品尤其是商业银行基于信托原理发行理财产品等此类"影子银行"业务将受到更为严格的约束，理财产品的市场规模将会出现不同程度的影响，从而间接地影响中央银行的货币政策有效性。

（二）在部分银行理财产品发行审核制度下，监管行为约束着理财产品的市场规模，影响着货币政策的有效性

在核心资本充足率一定的情况下，商业银行可以通过一些制度安排将未到期的资产移到资产负债表之外，减少表内资产数额，从而间接提高核心资本充足率。因此，商业银行发行诸如资产担保证券（Asset-backed Securities，ABS）和抵押支持证券（Mortgage-backed Securities，MBS）之类的理财产品，多是出于此种目的。理论上讲，只要银行理财产品的发行规模和期限与银行的资产规模和期限相匹配，在核心资本不变的情况下，银行的资产规模也可以不同程度地扩张。但在中国目前的监管体系下，商业银行并不能够完全按照自己的意愿发行理财产品，多数理财产品特别是高风险理财产品的发行尚需银监会的审批。如此情形下，银行监管部门具有根据市场情况控制或调节理财市场规模和品种的职能，从而间接地影响家庭金融资产替代的规模和货币政策的有效性。

（三）金融监管部门通过部门规章制度约束诸如政信合作、银信合作、银保合作等商业银行行为，间接地影响银行理财市场的规模和品种，从而起到影响货币政策有效性的作用

例如，银信理财合作业务，是指商业银行将客户理财资金委托给信托公司，由信托公司担任受托人并按照信托文件的约定进行管理、运用和处分的行为。上述客户包括个人客户（包括私人银行客户）和机构客户。为规范银信理财合作业务，2010年8月10日，《中国银监会关于规范银信理财合作业务有关事项的通知》要求商业银行将之前的银信理财合作业务中的所有表外资产在2010年、2011年两年全部转入资产负债表内，并按150%的拨备覆盖率计准备金。诸如此类的部门规章制度的逐步颁布与实施，影响着商业银行发行政信合作、银信合作、银保合作等理财产品的收益与成本，间接地起到了影响银行理财产品市场的品种与规模的作用。

（四）通过金融机构的市场准入，约束金融机构的数量，从而达到影响金融资产总量和理财产品市场规模的效果，间接地影响货币政策的有效性

在目前严格的市场准入条件下，金融机构及其分支机构的设立均需经过有关金融监管部门的审批。如此看来，中国银监会、中国证监会、中国保监会甚至于地方政府金融办公室均具有扩张和收缩金融机构数量的功能，金融机构数量的增减不仅对银行理财产品市场发展的速度与规模产生影响，而且对其他各类型理财产品市场发展的速度与规模也将产生一定的影响。因此，在目前的约束条件下，金融监管部门的行为和偏好与货币政策的有效性具有某种相关性。

扩展阅读专栏二

现代资产组合理论的发展与局限
赵雪（西南财经大学会计学院）

现代资产组合理论（MPT，Modern Portfolio Theory），也称现代证券投资组合理论、证券组合理论或投资分散理论，该理论的提出主要针对化解投资风险的可能性。现代资产组合理论发端于哈瑞·马科维茨，他在 20 世纪 50 年代提出了关于满足投资者目的的各种最佳资产组合的分析理论。马氏认为，个别资产的某些风险是可以分散的，只要不同资产间的收益变化不完全相关，就可以通过将多个资产构成资产组合来降低投资风险，即由若干资产构成的资产组合的投资风险低于单一资产的投资风险；投资者在衡量一项资产的风险大小时，不应以它本身孤立存在时的风险大小为依据，而应以它对一个风险充分分散的资产组合的风险贡献大小为依据。

马科维茨"资产组合理论"的基本假设包括：投资者的目的是使其预期效用最大化；投资者是风险厌恶者；证券市场是有效的，即市场上各种有价证券的风险与收益率的变动及其影响因素都为投资者掌握或至少是可以得知的；投资者是理性的，即在任一给定风险程度下，投资者愿意选择预期收益高或预期收益一定、风险程度较低的有价证券；投资者用有不同概率分布的收益率来评估投资结果；在有限的时间范围内进行分析；摒除市场供求因素对证券价格和收益率产生的影响，即假设市场具有充分的供给弹性。

马科维茨对个别资产的收益及风险给予了量化，但运用马氏模型选择资产组合，需要进行大量繁复的计算。为解决这一缺陷，威廉·夏普提出了单指数模型，这一模型假设每种证券的收益因为某种原因并且只因该原因而与其他证券收益相关，而且每种证券收益的变动与整个市场变动有关。夏普的单指数模型大大简化了马氏模型，但这种简化是以牺牲一部分精确性为代价的，因而

其应用受到了一定的限制。

在此基础上,学者们对资产组合理论进行了延伸,又形成了两种资产定价模型:资本资产定价模型、套利定价模型。

资本资产定价模型,简称CAPM模型,该模型的基本假设是:投资者是厌恶风险的,其目的是使预期收益达到最大;所有的投资者对所有证券的均值、方差都有相同的估计;不考虑税收因素的影响;完全的资本市场;资本市场处于均衡状态。基于这些假设,夏普研究后认为,当所有投资者面临同样的投资条件时,他们就都会按马科维茨模型做出完全相同的决策。

CAPM模型一直在金融定价模式领域占统治地位,然而,史蒂芬·A.罗斯认为,事实上找不到实际的证券来证明这个模型。由此,罗斯提出了"套利定价理论",简称APT模型。APT模型与CAPM模型的主要区别在于:CAPM模型依赖于"均值—方差"分析,而APT模型则假定收益率是由一个要素模型生成的,因此后者不需像前者那样对投资者的偏好做出很强的假定,即APT模型并不依据预期收益率和标准差来寻找资产组合,它仅要求投资者是财富偏好者。

不难看出,马科维茨分散投资理论的主要贡献在于运用数学公式建立起一套模型,系统阐明了如何通过有效的分散来选择最优资产组合的理论和方法。夏普的CAPM模型为资产选择开辟了另一条途径,他运用对数据的回归分析来决定每种股票的风险特性,把那些能够接受其风险和收益特性的股票结合到一个"组合"中去,这种做法大大简化了马科维茨模型的计算量。罗斯的APT模型则从假设条件上做文章,因而更具有广泛意义。总之,现代资产组合理论通过以马科维茨、夏普、罗斯等为代表的众多经济学家的努力,在基本概念的创新、理论体系的完善、研究结论的实证和结论应用的拓展上都取得了重大进展。但时至今日,现代资产组合理论仍然存在一些不足。

(1)马氏分散投资理论的缺陷。在理论上,马氏的"大多数有理性的投资者都是风险厌恶者"这一论点,其真实性值得怀疑。按马氏的理论设想,预期收益和风险的估计是一个组合其所包括证券的实际收益和风险的正确度量;相关系数是证券未来关系正确的反映概念;方差是度量风险的最适当的指标。这些观点难以让人信服。因为,第一,历史的数字资料不太可能重复出现;第二,由于一种证券的各种变量随着时间的推移经常变化,因此证券间的相互关系不可能一成不变;第三,按照马氏理论,应用价格的短期波动决定一种证券的预期收益,应有一个高的或者低的预期方差。但在实践中,如果投资者受了有限流动性的约束,或者他们确实是一些证券的保存者,那么短期价格的波动本身并不对其产生实际意义的风险。

在实际应用上，马氏理论也有很大的局限性。首先，产生一个组合要求一套高级而且复杂的计算机程序来操作。实际上许多执业的投资管理人员并不理解其理论中所包含的数学概念，且认为投资及其管理只是一门艺术而不是科学。其次，利用复杂的数学方法由计算机操作来建立证券组合，需要输入若干统计资料。然而，问题的关键正在于输入资料的正确性。由于大多数收益的预期率是主观的，存在不小的误差，把它作为建立证券组合的输入数据，就可能使组合还未产生便蕴含着较大的偏误。再次，困难还在于大量不能预见的意外事件，例如一个公司股票的每股赢利若干年来一直在增长，但可能因为股票市场价格的暴跌，其股价立刻随之大幅下降，从而导致以前对该公司的预计完全失去真实性。最后，证券市场变化频繁，每有变化，就必须对现有组合中的全部证券进行重新评估调整，以保持所需要的风险—收益均衡关系，因此要求连续不断的大量数学计算工作予以保证。这在实践中不但操作难度太大，还会造成巨额浪费。

（2）资本资产定价模型（CAPM）的局限。按照 CAPM 模型的构思，应用 Beta 分析法的投资者愿意接受与市场相等或接近的收益率，排除了收益率更高的可能性。这种方法否定了证券的选择性和分析家识别优良证券的投资能力。事实证明，建立在大量调研基础上的选择性投资能够取得优异的收益成果，同时市场指数不一定真正反映全部股票的市场情况。CAPM 模型假定股票市场是均衡的，而且所有投资者对股票的预期都是相同的。事实并非如此，在证券投资中，有所谓"最后乐观的投资者"和"最后悲观的出卖者"，这类现象用 CAPM 模型很难加以阐释。随机游走理论家们从根本上反对资产组合理论，他们认为未来的收益率是不可能预计的，因为股票的短期波动全然无法预测。在他们看来，确实的输入资料是不存在的，所以，组合的构建只不过是一种有趣的数学游戏而已。

（3）套利定价模型（APT）的不足。这一理论的结论与 CAPM 模型一样，也表明证券的风险与收益之间存在着线性关系，证券的风险越大，其收益越高。但是，APT 的假定与推导过程与 CAPM 模型不同，罗斯并没有假定投资者都是厌恶风险的，也没有假定投资者是根据"均值—方差"原则行事的。他认为，期望收益与风险之所以存在正比例关系，是因为在市场中已没有套利的机会。传统理论是所有人调整，这里是少数人调整。套利定价理论本身没有指明影响证券收益的是些什么因素、哪些是主要因素以及因素数目的多寡。

［资料来源］光明网（http：//www.gmw.cn/01gmrb/2008-07/22/）.

第四章 中国家庭财富管理的主流模式与发展趋势

    "财富"是一个含义宽泛的概念，有着经济学意义上的严格定义。近年来，中国社会各界对这个新名词显示出了极大的热情，知识理论界、新闻媒体以及主流的金融机构不遗余力地讨论、宣传所谓的财富管理，引起了中国普通民众对追求财富的无限憧憬或向往。这里我们无意追根溯源地探索这些现象产生的原因，从资产管理的角度看，其实我们每个人每年、每日都在做着财富管理的事情，在约束条件下个人追求利益最大化意味着个人选择行为最优化，只不过我们没有将其上升到所谓的理论高度而已，也并非如某些所谓"专家学者"所言，普通的民众由于缺乏金融专业知识，财富管理水平低下，因为很难说专业机构的财富管理水平就一定会优于普通的家庭。

    本章主要在梳理财富管理有关概念和理论的基础上，考察与分析迄今为止中国家庭财富管理的主流模式及其运作机制，以揭开财富管理市场运行的神秘面纱，还原其本来面目。

第一节 财富管理概念界定及其内涵

一、财富与管理的概念

    近年来，"财富管理"是一个很时髦的词汇。但令人稍感遗憾的是，目前对财富管理概念更多的是从金融机构业务发展的角度去解释，并未找到一个合适的定义去界定它的内涵和外延。如美林私人客户集团总裁 Robert J. McCann 认为，"财富管理以咨询服务和高度个性化的方式，强调客户理财生活的方方面面。它提供齐全的产品服务和策略"；波士顿咨询认为，"财富管理强调金融咨询，并关注财富的聚集、维持、保存、增加和转移"；王都富认为，"财富管理业务是利用所掌握的客户信息与金融产品，在分析客户财务状况的基础上挖掘客户的财富管理需求，通过向客户提供整合的银行、保险和投资理财产品与服务，协助客户实现资产保值增值的业务"①。我们认为，以上诠释实际上都是在诠释财富管理的手段，尤其是强调财富管理咨询机构提供外力——咨询，帮助微观经济主体管理财富的种种行为，而并非财富管理本身的全部。

从文法上理解，"财富管理"实际上是谓语后置，其正常顺序应该是"管理财富"，是指微观经济主体自身的财富管理行为本身。以下我们想要说明的是，什么是经济主体的财富、经济主体管理财富的目标是什么。

（一）财富的概念界定及其构成

对财富的研究由来已久，最早的认识源于古希腊哲学家色诺芬（Xenophon），他认为财富就是具有使用价值的东西。② 重商学派认为，财富便是货币，便是金银。亚当·斯密（Adam Smith）认为，财富是可供交换和消费的商品，认为"一个人是贫是富，看他能在什么程度上享受人生的必需品、便利品和娱乐品"。由于他在价值观上持二元劳动价值论观点，故同时又认为，"是贫是富要看他能够支配多少劳动，换言之，要看他能够购买多少劳动"③。这是人类第一次把劳动看成财富。阿尔弗雷德·马歇尔（Alfred Marshall）认为，财富包括私人产权的能满足个人需要的物质以及私人所有的、能帮助其获得有用物质的非物质资源。④ 米尔顿·弗里德曼（Milton Friedman）在研究货币与财富的关系时发现，人们的现期收入是不固定的，持久性收入却是固定的，可以代表财富，从而第一次将收入和财富的关系清楚地揭示。⑤ 在批判上述争议的基础上，戴维·W. 皮尔斯认为，"任何有市场价值并且可用来交换货币或商品的东西都可被看成财富。它包括实物与实物资产、金融资产以及可以产生收入的个人技能。当这些东西可以在市场上换取商品或货币时，它们被认为是财富。财富可以分成两种主要类型：有形财富，指资本或非人力财富；无形财富，即人力资本"⑥。

我们认为，财富是指一切能够为所有者带来收入的经济资源。这种经济资

---

① 王都富. 中国富裕阶层金融行为研究［M］. 北京：中国金融出版社，2010：5.

② 色诺芬. 经济论：雅典的收入［M］. 张伯健，陆大年，译. 北京：商务印书馆，1961：3.

③ 亚当·斯密：国富论［M］. 王亚南，郭大力，译. 北京：中华书局，2012：1.

④ 马歇尔. 经济学原理：上卷［M］. 朱志泰，等，译. 北京：商务印书馆，1964：76.

⑤ M. 弗里德曼. 货币数量论——一个重新的表述［M］. 芝加哥：芝加哥大学出版社，1956：4.

⑥ DAVID W PEARCE. 现代经济学词典［M］. 宋承先，等，译. 上海：上海译文出版社，1988：12.

源可以物质的，也可以是非物质的；可以是实物的，也可以是非实物的；还可以是获得收入的能力。故财富（W）可以分为三个方面的经济资源，一是实物资产（W_R），二是金融资产（W_F），三是人力资本（W_H）。即：

$$W = W_R + W_F + W_H$$

由于资产的价格等于其未来能带来收入的现值，财富的价值应该是货币形态的。假设财富的所有人能永续存在[①]，即：

$$W_R = \sum_{i=1}^{\infty} income_{ri} \times (1+y_i)^{-i}$$

$$W_F = \sum_{i=1}^{\infty} income_{fi} \times (1+y_i)^{-i}$$

$$W_H = \sum_{i=1}^{\infty} income_{hi} \times (1+y_i)^{-i}$$

上式中，$income_{si}$ 表示 s 种经济资源在第 i 期内能给所有者带来的收入，y_i 表示预期第 i 期贴现率。如果考虑个人劳动年限及生存因素，则 $income_{hi}$ 服从如下分布：

$$income_{hi} = \begin{cases} K_i, & x \in [\lambda_1, \lambda_1] \\ x, & x \notin [\lambda_1, \lambda_1] \end{cases}$$

λ_1、λ_1 分别为个人取得工资性收入（包括养老金）的首期和末期。整理以上格式，得：

$$W = \sum_{i=1}^{\infty} income_{ri} \times (1+y_i)^{-i} + \sum_{i=1}^{\infty} income_{fi} \times (1+y_i)^{-i} + \sum_{i=1}^{\infty} income_{hi} \times (1+y_i)^{-i}$$

由于实物资产收入、金融资产收入、人力资本收入在一定时期内构成所有者收入的全部，故：

$$W = \sum_{i=1}^{\infty} income_{ri} \times (1+y_i)^{-i} + \sum_{i=1}^{\infty} income_{fi} \times (1+y_i)^{-i} + \sum_{i=1}^{\infty} income_{ki} \times (1+y_i)^{-i}$$

由于对于个体而言，y 是外生变量，因此以上等式揭示了财富和收入的一致性。

（二）管理的概念界定

管理一直是一个比较抽象的概念，目前对管理的定义一般局限在计划、组织、控制、反馈等方面，如托尼·布洛克特认为，"管理是筹划、组织和控制一个组织或一组人的工作"[②]，"管理就是由一个人或者更多人来协调他人的活

---

① 实际上，这个假定仅对于人力资本的核算有效，对于实物资产和金融资产，由于所有人都能以大致等于出让日以后的预期收入的价格转让，所有人是否永续存在并不重要。

② 托尼·布洛克特. 管理理论与原则 [M]. 罗杰烈，等，译. 成都：四川社会科学院出版社，1986.

动，以便收到个人单独活动所不能收到的效果"[①]。但这些定义均不能很好地解释管理学的重要分支——金融管理。相比之下，赫伯特·A.西蒙的定义更为简洁，他认为"管理就是决策"[②]。在国内被广泛接受的管理定义是周三多在 1994 年提出的："管理是社会组织中，为了实现预期的目标，以人为中心进行的协调活动。"[③] 如果使用周三多对管理的定义，那么财富管理的下一个问题是：财富管理的目标（目的）是什么？又如何进行协调（方式）？

二、财富管理的目的与方式：一个数学表达式

（一）从资源类型配置角度看财富管理

传统经济学认为，经济人是理性的（自私假说），趋利避害是其本性，其追求的目标应该是约束条件下的效用最大化。假设所有者 t 期掌握的经济资源固定为 W_t，所有者 t 期的决策为：

$X_t = (X_{Rt}, X_{Ft}, X_{Ht})$，其中，$X_t$ 表示所有者将经济资源分配到实物资产、金融资产和人力资本上的份额，则三种资源以后各期的收入分别是其投入的函数，即：

$$(income_{ri}, income_{fi}, income_{ki})^T = I_i [(X_{Rt}, X_{Ft}, X_{Ht})^T W_t]$$

i 期总收入为：$income_i = e^T I_i [(X_{Rt}, X_{Ft}, X_{Ht})^T W_t] = e^T I_i (X_t^T W_t)$

其中，$e = (1, 1, 1)^T$，则所有者的财富为：

$$W = \sum_{i=1}^{\infty} e^T I_i (X_t^T W_t) \times (1+y_i)^{-i}$$

所有者财富管理的目标应该为：

$$\begin{cases} maxU \sum_{i=1}^{\infty} U [\sum_{i=1}^{\infty} e^T I_i (X_t^T W_t) \times (1+y_i)^{-i}] \\ \qquad \qquad s.t. \quad e^T X_t^T \leqslant 1 \end{cases}$$

由于效用函数 U（.）是单调不减的，如上目标条件可表达为：

① 小詹姆斯·H.唐纳利，等.管理学基础 [M].李柱流，等，译.北京：中国人民大学出版社，1982.

② 赫伯特·A.西蒙.管理决策新科学 [M].李柱流，等，译.北京：中国社会科学出版社，1982.

③ 周三多，陈传明，鲁明泓.管理学——原理与方法 [M].3 版.上海：复旦大学出版社，1999.

$$\begin{cases} \max \sum_{i=1}^{\infty} e^T I_i \ (X_t^T W_t) \times (1+y_i)^{-i} \\ \qquad s.t. \ e^T X_t^T \leqslant 1 \\ \qquad X_t V X_t^T \leqslant V_0 \end{cases}$$

V 是三种资源收入的协方差矩阵，在协方差矩阵一般不为普通人所知的情况下，如上目标条件可表达为：

$$\begin{cases} \max \sum_{i=1}^{\infty} e^T I_i \ (X_t^T W_t) \times (1+y_i)^{-i} \\ \qquad s.t. \ e^T X_t^T \leqslant 1 \end{cases}$$

即通过决策，使得以后各期收入的现值最大化。其中，X_t^T 的分量可以为负数，也可大于 1。如果 X_t^T 为负，说明所有者配置到该类的资源为负，即卖出这种资源以换取其他资源。如果 X_t^T 大于 1，证明所有者将其他资产卖空，购入此类资产。典型的范例是求学期的所有者，借入求学贷款，$X_{Ft} < 0$；充实人力资本，$X_{Ft} > 1$。

（二）从资产配置角度看财富管理

在上面的公式中，实物资产、金融资产和人力资本与其收入的关系均用函数 I_i (.) 表示，没有深究 I_i (.) 的性质。实际上，每类经济资源内部依然存在一个配置过程。如实物资产包括房产、黄金、土地使用权等；金融资产包括存款、股票、债券、理财产品等；人力资本包括个人在不同领域中的技能，如 IT 技能、财务技能等。I_i (.) 实际上是每一类经济资源优化配置的结果。考虑到这些经济资源的不同配置，且内部风险容易衡量①，一般而言，经济资源间的配置在长期进行，短期不变；而经济资源内部的配置可以在短期中变换，具有灵活性。经济资源 W_s（$s = \{R, F, H\}$）内部，其管理的目的表达如下：

$$\begin{cases} \max income_{si} = (R_{st} + e^T) \ Y_{st} \\ \qquad s.t. \ e^T Y_{st}^T \leqslant 1 \\ \qquad s.t. \ Y_{st} V_s Y_{st}^T \leqslant V_{s0} \end{cases}$$

R_{st} 是第 s 种资产中不同资产的收益率行向量，Y_{st} 是第 s 种资产中不同资产的配置占比列向量，V_s 是第 s 种资产中不同资产收益的协方差矩阵。

相应的，整个财富管理的目标是在以上条件下最优，过程为：

---

① 实物资产、金融资产内部配置风险容易衡量，较易理解。人力资本的风险为学习不同技能结果的不确定性，此处假定其分布可知。

$$\begin{cases} \max \sum\limits_{i=1}^{\infty} e^T \ (income_{ri}, \ income_{fi}, \ income_{ki})^T \times \ (1+y_i)^{-i} \\ \qquad\qquad s.\ t.\ e^T X_t^T \leqslant 1 \end{cases}$$

以上的分析基本揭示了财富管理的实质，即财富管理是所有者将自身既有经济资源在实物资产、金融资产和人力资本等形式之间做分配，并在以上各类资源内部配置各种资产，以求以后各期收入的现值最大化的过程。

三、财富管理的内涵与外延

（一）财富管理的内涵

1. 财富管理的主体是经济资源所有者

在市场经济中，产权是明确的，只有经济资源的所有者能对经济资源有使用、占有、支配、处分的权利，也才能管理经济资源。目前很多人将咨询机构或信托受托人作为资源管理的主体，具有不当性或片面性。咨询机构只能对经济资源所有者提出资产管理建议，不能为其配置资产，更无法实现各种经济资源的转化。而信托机构受托人虽能管理经济资源，但其管理的经济资源只是其委托人经济资源的一部分，而且，即便只是一部分，也必须按照委托人的意志管理。信托计划的运作，只是经济资源所有者管理经济资源的手段，并不是管理经济资源的过程；与之相反，经济资源所有者将资产信托给受托人的行为，反而是管理经济资源的行为。因此，即使经济资源所有者投资于信托产品，其仍然是财富管理的主体。

2. 财富管理的客体是经济资源

从广义上说，一切满足有用性和稀缺性的有形资源和无形资源都是经济资源。其有用性使其会在某些时点或者某些时间段给人们带来使用价值（效用），其稀缺性使得这些效用均能通过交换实现其价值，换句话说，经济资源能带来收入。既然能带来收入，其必然能够资本化，从而对财富总值产生影响，故其应该都是财富管理的客体。从这个意义上看，管理财富应该是所有的经济资源的所有者都应该从事的一项活动，并不存在某些经济资源所有者适宜于管理财富，某些经济资源所有者不需要管理财富的问题。因为，即便是这些资源所有者在某个时点上没有持有实物资产和金融资产，但他仍然面临着资源配置问题，他依然需要做出如下决策：是否应该将人力资本转换为其他资产，或者，是否应该借入金融资产并将其转化与配置等。

3. 财富管理的目标是以后各期收入现值的最大化

"资本价值是将来收入的折现，或者说是将来收入的资本化"[1]，因此，财富管理的目的就是财富的资本价值最大化。但是贴现（折现）值是一个比较抽象的概念，其抽象性在于，贴现率实际上是未知的，而且每一时间段的贴现率是不一致的，投资者在做财富管理决定时，只能依靠预期的贴现率（上节模型中，由于 $i \in N$，y 实际上有无穷多个）做估算。考虑到预期的贴现率与实际的贴现率之间一般会有误差，这会使得投资者的财富管理决策出现偏差，距离目前的期限越长，其贴现率预期值和实际值之间的偏差就会越大。而且，远期的贴现率，如 20 年之后的贴现率，基本上无法估算。所以，在实际操作中，更多的资源所有者可能根本无法估算未来收入的贴现值，只能将财富管理的目的弱化为近期收入贴现值的最大化，其最弱化的财富管理目标为：即期（或决策后下一期）收入最大化。

4. 财富管理的手段是经济资源或资产的配置

对经济资源或资产的配置，实际上是通过交易或其他方式进行的，以实现经济资源或资产的相互转化。这种转换实际上可以划分为两个层次：经济资源在不同资源类型中配置和在不同资产间的配置。这两个层次的配置实际上揭示了财富配置的两种均衡状态：不同资源类型之间的转换需要付出的交易成本较大且需要较长时间才能达到预期状态。如将金融资产转换为人力资本，对于个人而言，要接受教育，一般的高等教育都会持续数年，而且接受教育之后，还需要相当长一段时间才能将接受教育获得的知识转换为能获得收入提高的职务技能；对于企业而言，人力资源管理远远难于财务管理和生产管理，也就是说，经济资源在不同资源类型中配置具有长期性。而各类资产内部的资产交易成本较小，如金融资产流动性较好，其配置效率一般较高，所以，同类资源在不同资产间的配置，具有短期性特征。

5. 财富管理是一个过程，而不是一个单一的行为

由于市场是变化的，故模型中的收入函数 $income_n$ 和所有者的预期贴现率 y_i 在不同时点上是不一样的，这就导致了模型中的优化在不同时期有不同的解，即财富管理在不同时期有不同的策略。为了保持财富最大化，财富所有者不得不在市场条件变化的情况下，改变自身的经济资源配置和资产配置。换句话说，财富管理应该是一个持续的、不断修正的过程，而非一劳永逸的行为，更不是单次的或者单一的配置。一个极端的例子是，如果市场条件变化很大，

---

[1] 费雪·欧文. 利息理论 [M]. 陈彪如，译. 上海：上海人民出版社，1999.

以至于下一期的预期贴现率无法衡量，财富管理的目标就会退化为即期（或决策后下一期）收入的最大化，这就要求资产所有者每一期都要改变资源配置或资产配置。

（二）财富管理的分类

1. 按财富管理主体类型划分

上文指出，财富管理的主体是经济资源的所有者，而经济资源的所有者一般分为：政府部门和私人部门（企业、个人或家庭）。按此划分，财富管理可以分为：①政府财富管理，亦称国民经济管理。其目标为国民产出最大化或社会福利最大化。②企业财富管理。企业财富管理就是企业管理，包括生产管理、财务管理、人力资源管理等多个方面，其长期目的在于企业价值的最大化，其短期目的是企业利润的最大化。③家庭财富管理。其目标为家庭财富总量最大化或家庭收入最大化。

2. 按财富管理客体类型划分

按照财富管理客体不同，财富管理可划分为：①财富类型管理。财富类型管理是指不同经济资源类型的转换，即经济资源所有者将其所有资源在实物资产、金融资产和人力资本间配置。②实物资产管理。③金融资产管理。④人力资本管理。实物资产管理、金融资产管理和人力资本管理分别是指经济资源所有者对其实物资产、金融资产、人力资本内部的各种资源做出配置。

3. 按经济资源的会计属性划分

按照经济资源的会计属性，财富管理可以分为：

（1）资产管理。资产管理是指经济资源所有者配置自身现有的经济资源的过程，如决定自有的房屋是用于自住，还是用于出租，抑或是用于出售等。

（2）负债管理。负债管理是所有者借入经济资源的决策过程，包括是否借入、何时借入、向谁借入和以何种方式借入等一系列问题的决策。如是否借入一笔贷款、是否租用一所房屋等。

负债管理有以下特点：其一，与资产管理密切相连。如租用房屋，从占有房屋使用权的角度看，是负债管理；但从租金支付看，是资产管理。其二，负债管理与管理者掌握的经济资源密切相关。如借款，是否能借到足够的款项，取决于借款人的还款能力，即掌握的经济资源是否能偿还款项。其三，负债管理受到经济、法律等外部因素限制。如股票的卖空交易，是金融资产管理中的负债管理，但受到当地股票市场是否允许卖空或裸卖空的限制。

需要特别说明的是，负债管理也是财富管理的重要组成部分，这并不与前面提到的"财富管理的客体是管理者所有的经济资源"相冲突。一方面，当管理者借入资源时，必然约定在某一时间段放弃自身所有的资源作为租金，实际上是对自有资源的运用；另一方面，在复式记账法则下，借入资源必有一科目进入资产负债表的借方，作为资产，管理者对其有使用、占有、支配、处分的权利。而且负债管理具有从属性：管理人借入某种经济资源，必定要将这些经济资源进入资产负债表的资产部分再加以管理。

（三）家庭财富管理的特殊性

家庭财富管理，或称个人财富管理，是财富管理的重要分支，也是目前最受各类金融机构重视的一类财富管理方式。金融机构之所以对此十分青睐，参与者众多，可能是因为，在它们看来，相比于政府和企业，个人或家庭的财务知识匮乏，资源配置意识相对淡薄、对经济信息的解读能力相对较弱、资源配置的能力相对不高，所以更需要第三方对其资产进行管理，以实现家庭财富的最大化，有目的"高尚"的一面。也可能是因为，在信息不对称的约束下，包括主流金融机构在内的各类所谓财富管理机构，看到了一个巨大的盈利空间，有利益驱动的因素。一般说来，家庭财富管理有如下的特点：

1. 具有典型的生命周期性特征

与政府和企业的持续经营假设不同，个人或家庭的持续性受到生理规律的影响，不论是个人还是家庭，就其个体而言，一定会在某个时间点消亡。这个特性使得家庭的财富管理具有明显的周期性特征。如在青少年期，个人一般会借入其他资本，进行人力资本的积累，包括接受学校教育、接受业务技能培训等，而在退休期，则很少进行这方面的投入；又如在成年后，由于居住的需要，一般必须配置自有住房，但在青少年时期则很少有这个需求。

2. 财富管理受到管理者风险偏好的影响

在上节数学定义中，无论是长期配置还是短期配置，我们都加入了最大风险的约束条件 $X_t V X_t^T \leq V_0$ 和 $Y_{st} V_s Y_{st}^T \leq V_{s0}$。相比于其他的管理主体，家庭间的风险偏好程度的差异更大，这会引起其他条件相同的家庭资产配置间的差别。一般认为，家庭财富总量越大，风险偏好越大，或者说，家庭财富总量越大，风险承受能力越大；处于青年期和中年期的个人的风险偏好比处于老年期的个人风险偏好大。

3. 人力资本管理具有较大的局限性

在政府财富管理和企业财富管理中，人力资本实际上是对外部资源的引入，如企业的人力资源管理，是通过人力资源需求分析，招募合格人才并实行优胜劣汰。而家庭财富管理中的人力资本管理是管理者对自身的人力资本的管理，具有较大的局限性。如人力资本的开发运用受到自身禀赋限制，一个身体机能不健全的人无法从事繁重的体力劳动，一个智商不高的人无法通过巨额的智力投资提高自身的人力资本而从事知识密集型工作。再如，在个人达到一定年龄后，由于家庭负担、社会文化、自身精力等因素限制，很难进行大规模的人力资本投资。

4. 财富管理与家庭规划及个人职业规划密不可分

应该明确，个人首先是生物学和社会学意义上的人，其次才是经济学意义上的人。其对资源的分配必须在解决了生存问题和日常交往以后。事实上，由于家庭规划和个人的职业规划等问题，家庭可自由配置的资源已经远远不是其所有的资源，而是其可供投资的资源。

综上所述，家庭财富管理的主要目的是配置家庭的可供投资资源，又因为人力资本的配置受到很大的制约，所以，家庭财富管理主要目的退化为配置家庭可供投资的非人力资本财富，即实物资产和金融资产。

第二节　现阶段中国家庭财富管理的主流模式

从全球范围内观察，由于西方发达国家财富管理水平较高以及金融市场相对发达，家庭在长期财富管理的过程中，积累了一定的财富管理实践经验，形成了独特的金融理财文化，财富管理模式也倾向于多元化；同时，政府积极鼓励家庭的财富管理行为，并为之提供必要的政策支持，如美国的401k计划等。反观中国目前的财富管理市场，家庭的财富存量生成及其快速增长在近年来才刚刚开始，加之中国金融市场还未高度发达、金融理财产品和风险管理工具相对匮乏以及普通家庭对政府养老兜底期望等惯性思维，这些因素共同导致了中国普通家庭对财富管理的认识还不够深刻、资产配置相对简单等，呈现出了不同于发达市场经济国家家庭财富管理的诸多特征。

一、中国家庭财富管理的主要特征

（一）财富管理工具稀缺

由于家庭财富管理的主要客体是实物资产和金融资产，因此，一个比较理想的财富管理环境应该是：有足够多的、风险与收益各异的实物资产类产品和金融资产类产品以供财富管理者选择或组合。但是，目前中国的相关产品仍然显得稀缺。从金融产品市场看，虽然金融市场发达程度较以前有很大提高，但各种各样的门槛限制将普通家庭挡在了外面。如银行间债券市场不允许个人投资者进入，集合资金信托计划、证券公司等非定向资产管理计划都有严格的合格投资人门槛。留给普通家庭进行金融资产选择的市场，仅剩下以公募方式募集的银行理财产品、证券投资基金以及股票市场、国债等为数不多的投资标的。而且由于中国股票市场长期低迷，实际上，投资者可投资的金融工具就显得更少了。

再看中国的实物资产市场，在普通家庭对诸如收藏品、贵金属等知识密集型实物资产市场和价格走势缺乏足够认知和判断的情况下，中国家庭的实物资产配置缺乏必要的实物资产市场支持，家庭实物资产配置也就无从谈起。如果说中国家庭还存在实物资产配置的话，近年来中国家庭的实物资产配置主要集中在房产、车辆以及少量黄金等为数不多的实物资产上。高企的房价以及难以预测的黄金价格推高了资产组合的风险水平，无法完全满足风险与收益对称的家庭资产组合的需求。

财富管理工具稀缺的一个可推测的结果是，中国家庭的资产配置效率低下，部分资产价格虚高，风险与收益不对称。如在财富管理者无法从正规途径获得适当金融产品的情况下，部分家庭将有限的资金投向了"地下金融"等灰色金融市场。自 2010 年以来，"地下金融"使部分投资者血本无归的事件频发；又如 2013 年"中国大妈抄底实物黄金"事件，一定程度上具有非理性投资的特征。

表 4.1　　　　　　　我国常见金融资产投资门槛一览表

金融资产种类	是否允许个人投资者	投资起点	备注
银行存款	是	10 元	
储蓄国债	是	100 元	
记账式国债	否		需要通过相应测试
国债期货	是	50 万元	准入门槛为 50 万元
公司债	否		
定向融资工具	否		
股票	是	1 手股票	

表4.1(续)

金融资产种类	是否允许个人投资者	投资起点	备注
股指期货		50万元	合格投资者准入制度:全面评估自身的经济实力、产品认知能力、风险控制能力、生理及心理承受能力等,审慎决定是否参与金融期货交易
融资融券业务	是	证券账户资产总值在50万元以上	
银行理财产品	是	10万元	对高净值客户、私人银行客户有更多规定
集合资金信托计划	是	100万元	合格投资者制度:满足投资于一个信托计划的最低金额不少于100万元人民币的自然人;个人或家庭金融资产总计在其认购时超过100万元人民币,且能提供相关财产证明的自然人;或个人收入在最近三年内每年收入超过20万元人民币或者夫妻双方合计收入在最近三年内每年收入超过30万元人民币,且能提供相关收入证明的自然人
公募证券投资基金	是	1 000元	
私募证券投资基金	是	一般100万元	
证券公司限额特别管理计划	是	100万元	
基金公司子公司专项资产管理计划	是	单一:3 000万元 集合:100万元	
期货公司资产管理业务	是	100万元	

(二) 对财富管理缺乏足够的认识

如上文分析的,财富管理是一个很大的范畴,有着丰富的内涵和外延,同时也是微观经济主体最基本的经济活动之一。就是说，家庭财富管理是每一个家庭所必须进行的日常经济行为之一。但令人遗憾的是，目前国内社会各界对财富管理尚缺乏足够的认识，也许还存在着很多片面的理解。此类现象不仅存在于普通家庭之中，而且还存在于致力于帮助家庭进行财富管理的部分金融机构和金融从业人员中。比如，有人认为财富管理是高净值资产人群所独有的，一般家庭不存在资产管理问题等；更有甚者，有人认为财富管理就是投资，就是购买金融产品，而没有意识到，任何家庭在既定的风险偏好下，为实现财富管理目标进行资产组合，或者将财富从一种形态转换为另一种形态的行为，实际上均可称为财富管理。

认识的偏差直接导致了财富管理行为的偏差，具体表现在：大部分普通家庭在日常行为中缺少财富管理的意识，并没有将财富配置到风险水平相同、收益较高的优质金融资产上。一个难以解释的现象是：在利率管制、储蓄存款利率偏低、平行金融理财市场存在着风险收益组合占优的理财产品情况下，我国的储蓄存款依然居高不下，而且各类金融资产之间的调整不活跃。如家庭往往偏好于一种或几种金融资产，而且当这些金融资产的收益明显降低时，也并未见到大规模的金融资产替代现象发生，这不能不说与中国普通家庭的金融意识淡薄相关。

财富管理意识淡薄最突出的一个例子出现在学历较低的家庭中，以少数民族地区为代表，其突出的表现是，只重视实物资产和金融资产的配置，而忽视人力资本的增长。大部分青少年仅接受完初等教育之后就回家务农或者外出打工，其掌握的劳动技能不多，缺乏与主流社会沟通的必要知识体系和价值观念，一般收入相对较低。如，我国农村文盲和半文盲的比例较高，初中及以下学历者的比例高达 80%[1]，而文盲或者半文盲劳动力的平均年收入仅为本科学历的平均年收入的 1/6 弱。初中学历劳动力的平均年收入仅为本科学历者的平均年收入的 1/3 弱。[2]

（三）普通家庭缺乏必要的金融知识准备

尽管财富管理是每个家庭都要面对的事情，但管理财富并非易事。财富只是家庭财产的价值形态，财富管理是否有效，一方面决定于管理人是否了解自己的风险偏好，另一方面决定于管理人是否熟悉或掌握了财富实物形态（各种各样的资产）的特性和价值变动规律。前者需要管理人了解自己需要的是

---

① 甘犁，等. 中国家庭金融调查报告（2012）[M]. 成都：西南财经大学出版社，2012.

② 甘犁，等. 中国家庭金融调查报告（2012）[M]. 成都：西南财经大学出版社，2012.

什么样的资产组合，后者需要管理人了解什么样的资产可以构建自己所需要的资产组合。

实际上，目前中国的家庭财富管理中存在着以上两种知识普及不到位的问题。在对自身风险偏好的认识上，大部分民众过分地厌恶风险，对风险事件采取零容忍态度，权益类投资或者被认为是"可能有风险的投资"市场认可度极低，股票市场长期低迷。以金融资产配置为例，在中国家庭金融资产配置中，银行存款所占比例最高，为57.75%；现金其次，占17.93%；股票第三，占15.45%；基金为4.09%；银行理财产品占2.43%；股票仅占0.48%。① 实际上，银行理财产品、货币型基金、债券型基金等金融工具的风险水平并不比银行存款和现金高多少，但其收益却比后者高很多。如此配置的比例证明了投资者并不了解自己的风险—收益无差异曲线的分布，也不清楚自身的风险偏好水平。

在对资产的认识上，中国的家庭财富管理者缺乏对各类资产的必要认识，要么只是按照既有习惯投资于银行存款等投资收益率较低的金融产品，要么轻易听信资产销售人员的营销，盲目购买不合适的金融资产，如许多中老年个人投资于"P2P"高风险民间借贷、家庭财务紧张的管理者购买高风险的结构性理财产品、已经处于风烛残年的老年投资者购买保费率极高的健康险或者投资连接险等。

一个让人费解的现象是，虽然民间借贷发生区域性风险，大量投资者血本无归、有毒理财产品残害苦主、"银行存款变保单"等典型的案例时有发生，并被财经媒体广为传播，但深陷类似泥潭的投资者依然前赴后继、无怨无悔。究其原因，可能有以下几个：

（1）对财富管理必要性的漠视。平时对类似新闻并不在意，没有养成投资之前仔细研究所投资资产的风险收益特征的习惯，往往对投资标的资产的认识来源于道听途说，财富管理决策"想当然"，对投资的后果没有清醒的判断。

（2）对金融产品销售人员无原则地信任。如在"银行存款变保单"案例中，投保人必须签订保险单，而保险单上明确规定了保险的法律关系以及投保人的权利与义务，只要投保人略加注意，便不会发生类似事件。实际上，虽然我国商业银行进行了股份制改造，但长期以来，民众依然对商业银行及其从业人员存在盲目的迷信，认为商业银行信用就是国家信用，认为商业银行从业人

---

① 甘犁，等. 中国家庭金融调查报告（2012）[M]. 成都：西南财经大学出版社，2012.

员的行为都是规范化的，从而导致了不当投资。

（3）部分投资者被金融机构"捆绑"。这集中表现在金融机构的资产管理业务上，如银行的理财产品业务、信托公司的集合资金信托业务，这些业务中有"刚性兑付"的亚文化，部分投资者以此为借口，不顾产品的风险，只根据产品预期收益率高低购买产品。

二、中国居民财富管理的主要模式

中国家庭财富管理，主要是管理自身的实物资产和金融资产，对于财富水平不同的家庭而言，配置的资产自然就有所不同。一般说来，高净值人群因其风险承受能力较强，在资产选择上的空间较大，可选择贵金属、收藏品等另类投资产品，也可选择投资起点较高的私募金融产品。而普通家庭因其财富水平较低，风险承受能力较弱，因而资产选择范围较窄，基本上不涉及私募金融产品和另类投资。此外，近期一个值得引起注意的现象是，部分私募产品已经公募化，部分收入不高的家庭也可通过各种渠道购买私募产品，这一点我们会在后面的章节中详细讨论。

从财富管理模式看，中国居民管理财富的模式大致可分为直接管理和间接管理两类。所谓直接管理，是指管理人在财富管理的过程中，或自主决定，或根据理财顾问的建议，直接做出对标的资产的配置决策并付诸实施。而间接管理是指管理人将要管理的财产以信托或者委托的方式交付给所谓财富管理机构，由财富管理机构对标的资产进行直接管理。

（一）直接管理：基础资产选择

1. 存款类金融资产选择

银行存款是中国家庭财富管理中最常见的一类金融资产，适宜于风险厌恶型家庭的资产选择。它主要包括活期存款和定期存款两大类品种。其主要特征包括：①存款人与金融机构之间的关系是债权债务关系，存款人是债权人，金融机构是债务人，存款人的主要风险来源于信用风险，即金融机构的违约风险；②在目前中国的约束条件下，中资商业银行的信用水平基本上等同于国家信用，在没有存款保险制度、银行破产清算条例等配套机制的情况下，商业银行的信用实际上是由政府信用背书的，基本上不会发生银行破产事件引起储户损失的情形，亦可等同于无风险金融资产；③在利率管制的情形下，储蓄存款利率通常限制在偏低的水平上。从近年来的情况看，活期存款利率、一年以下期限定期存款利率以及通知存款利率与通货膨胀率不相上下，负利率的情形也时有发生；而一年期定期存款、三年期定期存款的基准利率也往往低于所谓的市场利率（市场利率以上海银行间同业拆借利率 Shibor 为参考标准）。

表 4.2 我国常见储蓄存款种类表

储蓄种类	起存标准	期限	存取方式	备注
活期储蓄存款	1 元	活期	随存随取	
整存整取定期储蓄存款	50 元	三个月、半年、一年、二年、三年、五年和八年		提前支取按活期利息计算
零存整取定期储蓄存款	5 元	一年、三年、五年	存款金额固定，每月存入一次	中途如有漏存，应在次月补存，未补存者，到期支取时按实存金额和实际存期计算利息
存本取息定期储蓄存款	5 000 元	一年、三年、五年	到期一次支取本金，利息凭存单分期支取	如果储户需要提前支取本金，则要按定期存款提前支取的规定计算存期内利息，并扣回多支付的利息
整存零取定期储蓄存款	1 000 元	一年、三年、五年	支取期分为一个月、三个月、一年一次，利息于期满结清时支取	
定活两便储蓄存款	50 元	满三个月、三个月以上不满半年、半年以上不满一年、一年四档		

2. 债权类金融资产选择

（1）标准化债权资产选择

这主要是指债券。债券称为固定收益类金融资产，属于直接融资和金融市场的范畴，债券发行人与债券持有者之间的关系是债权债务关系。按照发行人划分，可分为国债、中央银行票据、地方政府债券、企业债、公司债、中小企业私募债、中期票据、集合票据、资产支持债券和资产支持票据等。尽管我国的债券品种已较为丰富，但目前个人投资者能够选择的品种仅有：储蓄国债、记账式国债和在交易所上市的部分债券品种。

债券投资的特点包括：①债券持有人和债券发行人之间是债权债务关系。

②投资策略多样化。这包括买入并持有到期以及久期管理、组合管理等主动管理策略。其中，买入并持有到期策略面临的主要风险是信用风险和再投资风险等；而其他投资策略面临的主要风险包括市场风险、利率风险、汇率风险在内的其他风险。③由于中国对可供个人投资者选择的多数债券品种目前还是实行比较严格的审批制度，尤其是国有大型企业作为发债主体的情况下，除发债主体信用评级和债券评级较高外，隐形的国家信用嵌于其中，一定程度上降低了债券的信用风险。④部分债券品种只能在银行间债券市场交易，限制了个人或家庭债券资产选择的范围。

表 4.3   我国债券分类表

债券大类	券种细分
国债	记账式国债
	凭证式国债
	储蓄国债（电子式）
地方政府债	政策性银行债
金融债	商业银行债
	特种金融债
	证券公司债
	证券公司短期融资券
	非银行金融机构债
企业债	中央企业债
	地方企业债
	集合企业债
	中小企业私募债
中期票据	中期票据
	集合票据
	中小企业非金融机构集合票据
短期融资券	短期融资券
	超短期融资券
非公开定向债务融资工具（PPN）	
政府支持机构债	
国际机构债券	
资产支持债券	

表 4.4 我国主要国债品种比较表

国债类型	发行人	发行对象	流通方式	期限	发行管理部门
记账式国债	财政部	视发行市场而定	在其所发行的市场流通	任意	全国人大常委会
凭证式国债	财政部	个人及机构	不能流通,可在原购买网点提前赎回	1~5 年	全国人大常委会
储蓄国债(电子式)	财政部	个人	不能流通,可以提前兑取、质押贷款和非交易过户	1~7 年	全国人大常委会

(2) 民间非标准化债权资产选择

这主要是指民间借贷。目前中国市场上直接民间借贷包括传统意义上的民间借贷和 P2P 借贷两种模式。传统意义上的民间借贷是指民间借贷的中介机构与资金提供者之间有直接的借贷关系的民间借贷类型。P2P 借贷原本是指借款人和贷款人通过中介机构的撮合达成借贷意向,并最终实施借贷行为的一种模式,借贷关系存在于借贷双方间。不过,就目前其在中国的情况看,借贷平台基本上都承担了担保职能和项目选择职能,异化为借贷关系存在于中介机构和借款人之间、中介机构和贷款人之间,网络借贷平台基本上可视为类似于商业银行的金融中介机构,只是不受资本金和存款准备金等监管政策的约束,存在着较大的风险。

民间借贷的基本特征有:第一,属于法律的灰色地带,没有明文禁止,但由于历史原因及认识因素,也没有完全放开,在某些时间段,大额的民间借贷和非法集资不易完全分开,有一定的法律风险;第二,由于很多地方对民间借贷没有严格监管,信用风险较大;第三,虽然民间借贷的利率上限被规定为不得超过银行同期存款利率的四倍,但实际操作中,借贷利率水平往往高于这个上限甚至更高,容易掉入非法集资的陷阱。

表 4.5 中国家庭民间借贷情况表

有借出资金家庭比例	11.9%
有借入资金家庭比例	33%
农业或工商业	11.8%
房产	20%
汽车	2%
教育	7%

[资料来源] 杭州生活通,CHFS。

3. 股权类金融资产选择

这主要是指股票。中国股票市场是经济体制改革与对外开放的产物，发端于 20 世纪 90 年代初期，经过 30 多年的发展，交易品种与规模增长迅速，市场发育程度及功能逐步提高，为中国经济的高速增长做出了积极的贡献，已经成为中国家庭金融资产选择的主流品种。但由于市场产生的制度基础与发展历史的不同，目前看来，中国股票市场依然带有比较明显的"中国特色"，尚有一些所谓的历史遗留问题需要用深化改革的方式逐步解决。从市场结构看，目前，中国境内的股票市场主要包括人民币普通股票（A 股）和人民币特种股票（B 股）两个独立存在的市场，市场的统一尚需时日。从法律关系上看，股票投资者和上市公司之间的关系是所有权关系，属于直接融资的范畴。

股票投资有以下主要特点：

（1）股票属于风险类金融资产。投资者的盈亏主要由买卖差价决定，只要损失不是因为上市公司违规经营或者证券公司失职引起的，投资者对自己的亏损没有追索权。

（2）股票的交易价格表面上由供需关系决定，实际上由上市公司的内在价值和投资者预期决定，而公司内在价值由宏观经济走势、行业前景、公司经营状况及前景等多种因素决定，又因为各种因素及投资者预期具有不确定性，股票的价格也具有不确定性。

（3）虽然个股价格在每一时间点具有随机性，但股价受到市场情绪较为严重的影响。典型的现象如在单边熊市和单边牛市行情中，逆市场行情的股票较少。所谓"覆巢之下，焉有完卵"，那是说系统性的风险无法规避。综合以上特征，股票投资者追求的是高风险与高收益的资产组合。

从我国股票市场发展历史看，A 股是为境内公司人民币融资而设，以人民币计价和交易，供境内投资者投资选择；而 B 股则是为境内公司外币融资而设，以外币计价（上海证券交易所 B 股以美元计价，深圳证券交易所 B 股以港币计价）和交易，以引进外资为目的，原是供境外投资者投资选择的，但 2001 年之后，中国境内居民也可以投资 B 股，B 股开始进入境内家庭的资产选择范围。

表 4.6　　　　　　　我国 A 股和 B 股的区别

	A 股	B 股
上市公司	中国境内公司	中国境内公司

	A 股	B 股
投资者	境内机构、组织或个人（不含台、港、澳投资者）	境外投资者；境内居民
认购币种	人民币	沪市：美元；深市：港元
上市交易所	上海证券交易所、深圳证券交易所	上海证券交易所、深圳证券交易所
涨跌幅限制	10%	10%
交割制度	T+1	T+3

近年来，随着股票市场的发展和企业融资需求的改变，中国股票市场结构也发生了一些变化。目前人民币普通股票（A股）市场包括主板市场、中小板市场和创业板市场三大类股票市场，其主要区别如下表4.7：

表 4.7　　　　　　　我国 A 股品种间差别

条件	A 股主板	中小板	创业板
主体资格	依法设立且合法存续的股份有限公司	依法设立且合法存续的股份有限公司	依法设立且持续经营三年以上的股份有限公司
经营年限	持续经营时间应当在 3 年以上（有限公司按原账面净资产值折股整体变更为股份公司可连续计算）		
盈利要求	（1）最近 3 个会计年度净利润均为正数且累计超过人民币 3 000 万元，净利润以扣除非经常性损益前后较低者为计算依据；（2）最近 3 个会计年度经营活动产生的现金流量净额累计超过人民币 5 000 万元；或者最近 3 个会计年度营业收入累计超过人民币 3 亿元；（3）最近一期不存在未弥补亏损；	（1）最近 3 个会计年度净利润均为正且累计超过人民币 3 000 万元；（2）最近 3 个会计年度经营活动产生的现金流量净额累计超过人民币 5 000 万元；或者最近 3 个会计年度营业收入累计超过人民币 3 亿元；（3）最近一期末无形资产占净资产的比例不高于 20%；最近一期末不存在未弥补亏损。	最近两年连续盈利，最近两年净利润累计不少于 1 000 万元，且持续增长；或者最近一年盈利，且净利润不少于 500 万元，最近一年营业收入不少于 5 000 万元，最近两年营业收入增长率均不低于 30%。净利润以扣除非经常性损益前后较低者为计算依据

表4.7(续)

条件	A 股主板	中小板	创业板
资产要求	最近一期末无形资产（扣除土地使用权、水面养殖权和采矿权等后）占净资产的比例不高于20%	最近一期末无形资产（扣除土地使用权、水面养殖权和采矿权等后）占净资产的比例不高于20%	最近一期末净资产不少于2 000万元
股本要求	发行前股本总额不少于人民币3 000万元	发行前股本总额不少于人民币3 000万元；发行后股本总额不少于人民币5 000万元	企业发行后的股本总额不少于3 000万元
主营业务要求	最近3年内主营业务没有发生重大变化	完整的业务体系，直接面向社会独立经营的能力	发行人应当主营业务突出。同时，所募集资金只能用于发展主营业务
募集资金用途	应当有明确的使用方向，原则上用于主营业务	应当有明确的使用方向，原则上用于主营业务	应当具有明确的用途，且只能用于主营业务
发审委	主板发行审核委员会	主板发行审核委员会	创业板发行审核委员会，加大行业专家委员的比例，委员与主板发审委委员不互相兼任。
初审征求意见	征求省级人民政府、国家发改委意见	征求省级人民政府、国家发改委意见	无
保荐人持续督导	首次公开发行股票的，持续督导的期间为证券上市当年剩余时间及其后2个完整会计年度；上市公司发行新股、可转换公司债券的，持续督导的期间为证券上市当年剩余时间及其后2个完整会计年度。持续督导的期间自证券上市之日起计算。	在发行人上市后3个会计年度内履行持续督导责任	

从风险的角度看，一般认为，主板市场的股票风险比中小板市场的股票风险低，而中小板市场的股票风险又比创业板市场的股票风险低。

4. 房地产投资：实物资产选择

从资产管理模式看，房地产投资也可分为两类：直接房地产投资和间接房地产投资。直接房地产投资是指以直接买卖或出租房地产为手段，以赚取房地产买卖差价或租金收入为目的的房地产投资方式；而间接房地产投资是指投资于类似房地产信托投资基金（REITs）一类的金融工具投资。本部分所述的房地产投资主要是指房地产直接投资。

一个最近兴起的概念是"产权式投资"，按照通行的说法，产权式房地产投资（以下简称产权式投资）是指投资者从房地产开发商处购得标的物业，再将标的物业托付给房地产经营企业（如物业管理企业、酒店经营企业）经营的一种投资模式。虽然这个定义很简单，但其中却隐含着关乎投资法律关系的问题，即投资者从房地产开发企业取得物业，是以何种方式取得。从国外的经验看，产权式投资一般要求投资者取得物业所有权，即向房地产开发商购买物业。但是从目前国内此类投资的运作模式看，投资者所取得的标的资产，却不一定是物业的所有权。主要原因在于：

（1）自《中华人民共和国物权法》出台以来，我国法律明确了不动产产权的转移以登记为要件，而部分地方性法规或规范性文件又明确规定禁止特定物业（如酒店）的分割出售，导致相关物业不能转移给零散的投资者。在这种情况下，即便是开发商与投资者签订了买卖合同，他们之间的关系也只是债权债务关系。

（2）部分开发商由于各种原因（如需要将标的物业向金融机构抵押融资）本身不愿意出售物业所有权，或者标的物业的权属本身存在争议，开发商不能出售物业所有权，继而向投资者出售物业的经营权或者物业的租赁权。

从严格意义上看，任何投资者如果进行无法取得物业产权的投资，都不能称为产权式投资，其实质属于民间借贷。只有投资者取得了标的物业的产权的投资才属于房地产投资，而且是直接的房地产投资。

直接房地产投资具有以下特点：①投资起点较高。撇开所谓的豪宅不论，中国一线城市里100平方米以上房产的价格总额大都在几十万甚至于几百万元人民币左右，房产不可能是普通家庭的主要投资品种。②根据国外的经验，房价有明显的周期性和地域性，在宏观经济上行和利率下行的区间内，房产价格的波动和风险可能不大，但并不意味着房地产投资没有风险。事实上，从美国、日本、中国香港的经验看，房地产市场价格泡沫的破灭对于普通的家庭来说，可能是灾难性的打击。③在中国目前的情形下，房价问题不仅仅是一个经济问题，可能还是一个社会问题。在这种背景下，政府的房地产调控政策会在房价上升过快时频出。由于目前直接投资房地产没有做空机制，故房地产直接投资有一定的政策风险。如图 4.1 和图 4.2 所示。

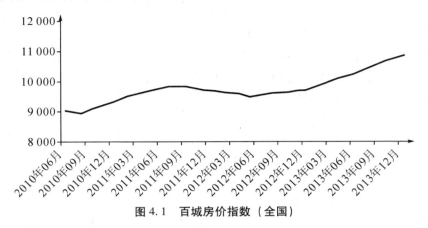

图 4.1　百城房价指数（全国）

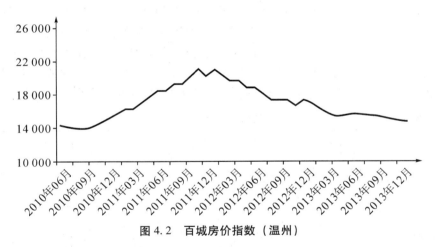

图 4.2　百城房价指数（温州）

（二）间接管理：衍生金融资产选择

为避免歧义，本书所述的间接管理，主要是指家庭通过配置金融机构发行的理财产品、资产管理计划等衍生金融产品而进行财富管理的行为，从基础性资源使用的角度看，家庭并非对其直接使用、获取收入，因而可看成是间接性的。目前中国家庭金融资产配置的主流产品包括：公募证券投资基金、各类保险理财产品、集合资金信托计划、券商资产管理计划以及银行理财产品等。此外，一些私募基金，诸如风险投资基金（VC）、私募股权投资基金（PE）近年来也逐步进入中国市场，但因其产品的投资风险较大，对投资者的金融知识和风险承受能力、投资起点等要求较高，尚未成为普通家庭财富管理的主要工具。

1. 公募证券投资基金

公募证券投资基金是国内最早出现的衍生金融工具之一，其大规模发展尤其是开放式证券投资基金开始于 2001 年之后，基金品种日益丰富，市场规模发展迅速，认知程度逐步提升，参与人数众多，已经成为中国普通家庭金融资产选择的主要品种之一。从基金发行的监管历史考察，基金公司设立、运行以及证券投资基金的发行均受证券监管部门的审批和严格监管，市场运行相对规范。但随着 2013 年 6 月 1 日中国证监会颁布实施《资产管理机构开展公募证券投资基金管理业务暂行规定》，允许证券公司、保险资产管理公司以及专门从事非公开募集证券投资基金管理业务的资产管理机构（私募证券基金管理机构）设立公募证券投资基金后，未来证券投资基金的市场格局变化尚待观察。

公募证券投资基金主要有以下特点：第一，基金管理人与投资者的关系是信托关系，收益共享、风险共担，基金管理人不对投资的结果或投资收益做出承诺；第二，完全采用净值化管理的方式，一般采用开放式设计，封闭式基金具有二级市场，流动性较好；第三，公募基金的风险和收益是由其投资标的的价格变动和基金管理人的资产管理能力共同决定的，公募基金投资风险调整后的收益有时会高于普通投资者自行投资的收益水平，但并未得到经济学意义上的严格证明；第四，投资起点较低，一般为 1 000 元，适宜于普通家庭做金融资产投资选择。见表4.8。

表4.8　　　　　　　　各类证券投资基金比较表

	货币型基金	债券型基金	股票型基金	混合型基金
投资对象	现金；1 年以内（含 1 年）的银行定期存款、大额存单；剩余期限在 397 天以内（含 397 天）的债券；期限在 1 年以内（含 1 年）的债券回购；期限在 1 年以内（含 1 年）的中央银行票据；剩余期限在 397 天以内（含 397 天）的资产支持证券	基金资产 80%以上投资于债券	基金资产 60%以上投资于股票	以股票、债券等为投资对象，且不符合左栏条件
净值	永远为 1，一般收益当日转为份额	随投资波动	随投资波动	随投资波动
风险	低	较低	高	介于股票型基金和债券型基金之间

2. 商业保险理财产品

保险是一种较为独特的金融产品，是保险人和被保险人关于风险事件补偿的契约安排。其最初目的是为了满足被保险人的风险转移需要，由于其具有税收规避功能、破产隔离功能，在海外已经突破传统的风险转移功能，在财富管理及财富继承中发挥着越来越重要的作用。

表4.9列出了按保险标的分类的各类保险产品。目前承担财富管理功能最多的是创新型保险产品，包括投资连接保险、万能险和分红险等，这些险种一般在人寿保险中加入收益条款，使保险产品具有某些投资管理功能。

表 4.9　　　　　　　保险产品的分类及家庭常用保险产品

家庭常用保险	财产保险	财产损失保险	家庭火灾保险
			车辆损失险
			车辆盗窃险
		责任保险	机动车第三者责任保险
			监护人责任险
			宠物责任险
		信用/保证保险	个人借款保证保险
	人身保险	人寿保险	生存保险
			死亡保险
			生死两全保险
		健康保险	医疗保险
			收入损失保险
		意外伤害保险	意外伤害保险

表4.10指出了投资连接保险、万能险和分红险的区别。

表 4.10　　　　　　投资连接保险、万能险和分红险的区别

区别项目	投资连接保险	万能险	分红险
分设账户	设置了几个不同的投资账户	设有单独的投资账户	不设单独的投资账户
收益来源	投资账户收益	投资账户收益	保险公司经营收益
收益特性	不保底，可能亏损	一般提供保底收益率	不保底，不可能亏损

表4.10(续)

区别项目	投资连接保险	万能险	分红险
投资信息披露	公布，一般每周至少一次	公布，一般每月一次	不公布
投资标的	一般投资组合中含股票或股票型基金	以债券为主	以债券为主

从国外市场看，保险对于普通家庭而言是重要的金融资产，被接受程度较高。但从国内市场看，普通家庭对其功能的认识尚存在偏差，市场形象似乎不佳。究其原因，可能在于：第一，由于保险市场的发展历史较短，保险代理人的素质有待提高，在其展业的过程中，夸大保险产品功能的现象时有发生，一定程度上降低了普通家庭对保险产品的信任感。第二，目前保险资金运用受到的限制较多，加之监管部门对保险行业有保护性措施，保险产品的收益一般不高，与其他金融理财产品相比，缺乏收益方面的竞争优势，所以，尽管很多家庭历史上由于各种原因曾经配置了保险产品，但愿意继续配置或增加人寿保险产品配置的家庭似乎不多。但同时也表明，随着保险市场的规范运行，保险市场依然存在着很大的发展空间。

3. 集合资金信托计划

集合资金信托计划，是指由信托公司面向多个合格投资者发行的资产管理计划。其主要特征包括：第一，募集资金投向一般不受限制，横跨货币市场、资本市场、实物资产市场等；第二，信托资金投资方式灵活、投资范围较宽、预期收益相对较高。一般可以使用债权、股权、物权等多种手段；第三，合格投资者制度。所谓合格投资者，即能够识别、判断和承担信托计划相应风险的人，是指符合下列条件之一者①：

（1）投资一个信托计划的最低金额不少于100万元人民币的自然人、法人或者依法成立的其他组织；

（2）个人或家庭金融资产总计在其认购时超过100万元人民币，且能提供相关财产证明的自然人；

（3）个人收入在最近三年内每年收入超过20万元人民币或者夫妻双方合计收入在最近三年内每年收入超过30万元人民币，且能提供相关收入证明的自然人。

中国目前的情形下，除投资于有价证券的所谓阳光私募证券投资基金外，

---

① 中国银行业监督管理委员会令2007年第3号：信托公司集合资金信托计划管理办法.

集合资金信托计划基本上可以划归固定收益类金融资产。其主要特点如下：第一，投资起点较高。虽然对合格投资者并不要求单笔投资一定要在人民币 100万元及以上，但一般的产品的投资起点都是 100 万元或更高，而且由于单个集合资金信托计划有参与人数的限制，100 万元起点的信托份额通常不容易购得。第二，流动性不高。根据《信托公司集合资金信托计划管理办法》，信托产品的期限必须在一年以上，加之目前还不存在一个完善的信托受益权转让市场（信托二级市场或流通市场），因而中国信托产品的流动性较低。第三，中国目前的条件下，信托产品风险与收益不完全对称，预期收益较高，风险不一定较高，为投资者提供了无风险套利的机会。这是由于中国信托文化的认知惯性、严格市场准入下的金融牌照价值以及特殊的市场环境所致。目前集合资金信托计划还存在着一定程度上的"刚性兑付"特征①，即信托公司会用各种方法为集合信托产品"兜底"，以确保信托计划的到期兑付。下图 4.3 所示的近年来信托产品市场规模的快速增长，部分验证了我们以上的基本判断。但这种扭曲的市场发展，也许隐含着一定的市场风险。

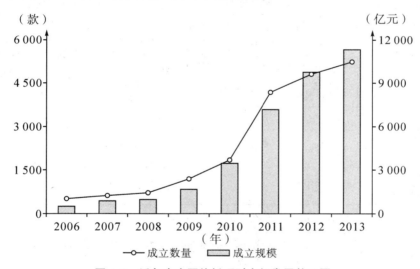

图 4.3　近年来中国信托理财市场发展状况图

［资料来源］普益财富金融数据终端（www. pywm. com. cn）.

4. 券商资产管理计划

券商资产管理计划是指证券公司发行的创新类资产管理计划，是金融行业

① 吴庸. 刚性兑付的起源、影响及治理［J］. 上海经济评论，2012（8）.

严格分业经营、分业监管制度的产物。从资金募集方式看，不同资产管理计划间的差别较大，部分计划是公募性质的，部分计划是私募性质的；从募集资金投向看，部分计划可以投资于高风险资产，部分计划的资金投向却受到较大限制。

目前看来，一般家庭投资较多的是限定性集合资产管理计划和非限定性集合资产管理计划。其主要特点如下：第一，投资方式较灵活，不同的证券公司或不同产品管理人可能采取不同的管理思路。如主要投资于有价证券的资产管理计划，一般采用净值管理的方式，风险和收益全由投资者自己承担；而投资于实物资产项目类的资产管理计划，则一般使用预期收益率的管理方式，是一种类似于信贷的操作模式。第二，券商集合类资产管理计划的投资限制较多，尤其是对投资于不同有价证券的比例限制。其三，投资者和证券公司之间的关系是委托代理关系，而非信托关系。其比较见表 4.11。

表 4.11　　　　　　　　主要券商资产管理计划比较表

比较项目	定向资产管理计划	集合资产管理计划
合格投资者认定	定向资产管理业务客户应当是符合法律、行政法规和中国证监会规定的自然人、法人或者依法成立的其他组织。但不得为证券公司董事、监事、从业人员及其配偶。	个人或者家庭金融资产合计不低于 100 万元人民币；或公司、企业等机构净资产不低于 1 000 万元人民币；或依法设立并受监管的各类集合投资产品视为单一合格投资者
投资门槛	100 万元	100 万元
投资者人数限制	单一投资者	200 人以下
计划金额限制	有最低限额	50 亿元人民币以下
委托资产形式	现金、股票、债券、证券投资基金份额、集合资产管理计划份额、中央银行票据、短期融资券、资产支持证券、金融衍生品	只能接受现金形式资产

表4.11(续)

比较项目	定向资产管理计划	集合资产管理计划
投资方向	客户与证券公司自愿协商,以合约约定投资范围	中国境内依法发行的股票、债券、股指期货、商品期货等证券期货交易所交易的投资品种; 中央银行票据、短期融资券、中期票据、利率远期、利率互换等银行间市场交易的投资品种; 证券投资基金、证券公司专项资产管理计划、商业银行理财计划、集合资金信托计划等金融监管部门批准或备案发行的金融产品 可以参与融资融券交易,也可以将其持有的证券作为融券标的证券出借给证券金融公司。 可以依法设立集合计划在境内募集资金,投资于中国证监会认可的境外金融产品
证券公司自身持有比例限制	账户独立,无交叉	不得超过该计划总份额的20%

5. 银行理财产品

由于经济发展水平和经济体制不同,中国目前的金融体系有别于以美国、英国为代表的金融市场主导型的金融体系,是一种间接金融主导型的金融体系。因此,中国的商业银行是为数最多的金融机构,可以说,在中国的融资体系中处于绝对垄断的地位,这为其发展代客理财业务提供了先天优势。从现象上观察,自2005年9月中国银监会颁发《商业银行个人理财业务管理暂行办法》之后,银行理财产品正式进入中国金融市场,其发展可谓迅速,远远超出了人们的预期,目前已经成为中国普通家庭选择金融资产的主要对象。

银行理财产品因其种类繁多,发展历史较短,而且在其快速发展的过程中,产品形态变化较快,令人眼花缭乱。因此,目前银行理财产品的分类标准不尽相同。尽管如此,我们还是尝试着对目前存在的银行理财产品进行一些必要的分类:

(1)按照客户获取收益方式的不同,银行理财产品可以分为固定收益类产品、保本浮动收益类产品和非保本浮动收益类产品。保证收益理财计划,是指商业银行按照约定条件向客户承诺支付固定收益,银行承担由此产生的投资风险;或银行按照约定条件向客户承诺支付最低收益并承担相关风险,其他投资收益由银行和客户按照合同约定分配,并共同承担相关投资风险的理财计划；保本浮动收益理财计划是指商业银行按照约定条件向客户保证本金支付，本金以外的投资风险由客户承担，并依据实际投资收益情况确定客户实际收益的理财计划；非保本浮动收益理财计划是指商业银行根据约定条件和实际投资收益情况向客户支付收益，并不保证客户本金安全的理财计划。

（2）按照对客户要求的不同，银行理财产品可分为一般银行理财产品、高资产净值客户理财产品、私人银行产品。私人银行客户是指金融净资产达到600万元人民币及以上的商业银行客户。高资产净值客户是指单笔认购理财产品不少于100万元人民币的自然人；或家庭金融净资产总计超过100万元人民币，且能提供相关证明的自然人，或个人收入在近三年每年超过20万元人民币或者家庭合计收入在近三年内每年超过30万元人民币，且能提供相关证明的自然人。[①]

（3）按照产品币种不同，银行理财产品可分为人民币理财产品和外币理财产品。

（4）按照产品收益结构不同，银行理财产品可分为结构性银行理财产品和非结构性（单一性）银行理财产品。结构性银行理财产品是指其中嵌入了各种衍生工具，目的在于为客户提供量身定制的投资品种。单一性银行理财产品又可进一步按照其投资标的的不同分为债券类银行理财产品、融资类银行理财产品、证券投资类银行理财产品以及组合类银行理财产品。其中，债券类银行理财产品只能投资于债券及货币市场工具；融资类银行理财产品可以投资于信托贷款、信贷资产或各类收益权；证券投资类银行理财产品是指不通过优先劣后结构化设计，直接投资于证券市场的理财产品；组合类银行理财产品是指同时投资于以上两类或者更多标的的银行理财产品。

目前看来，银行理财产品的主要特点有：第一，期限较短，一般在一年以内，以6个月之内的理财产品为主；第二，以债券类、融资类、组合类理财产品为主，此三类理财产品一般采用预期收益率管理模式，银行和客户事先约定收益率，到期以预期收益率兑付；第三，与集合资金信托计划类似，大多数银行理财产品都具有某种程度上的刚性兑付特征，即银行一般按事先约定的收益率兑付给理财产品的购买者，基本上可以视为准储蓄存款。见表4.12和表4.13。

---

① 中国银行业监督管理委员会. 商业银行理财产品销售管理办法. 2011.

表 4.12   **各类银行理财产品的产品属性比较**

产品大类	产品小类	通常收益类型	收益计算
境内单一性 银行理财产品	债券类银行理财产品	保证收益型/保本浮动收益型/非保本浮动收益型	预期收益型
	融资类银行理财产品	非保本浮动收益型	预期收益型
	证券投资类	非保本浮动收益型	净值型
	组合类银行理财	非保本浮动收益型	预期收益型
境外单一性 银行理财产品 （一般为证券 投资类）	货币型 QDII	非保本浮动收益型	净值型
	债券型 QDII	非保本浮动收益型	净值型
	股票型 QDII	非保本浮动收益型	净值型
	混合型 QDII	非保本浮动收益型	净值型
结构性产品	简单的结构性产品	保证收益型/非保本浮动收益型	根据收益结构和挂钩标的确定，保证收益型一般为保证最低收益
	结构性票据（QDSN）	保证收益型/非保本浮动收益型	根据收益结构和挂钩标的确定，保证收益型一般为保证最低收益，且保证的是负收益

表 4.13   **各类银行理财产品的金融属性比较**

产品大类	产品小类	流动性	收益	风险
境内单一性 银行 理财产品	债券类银行理财产品	固定期限，一般在一年内，以1~6个月居多	低	低
	融资类银行理财产品	固定期限，一般在一年内，以1~6个月居多	较低	较低
	证券投资类	一般为开放式	较高	较高
	组合类银行理财产品	固定期限，一般在一年内，以1~6个月居多	较低	较低

表4.13(续)

产品大类	产品小类	流动性	收益	风险
境外单一性银行理财产品（一般为证券投资类）	货币型 QDII	一般为开放式	较低	较低
	债券型 QDII	一般为开放式	较高	一般较高；投资单一债券的相对较低
	股票型 QDII	一般为开放式	高	高
	混合型 QDII	一般为开放式	较高	较高
结构性产品	简单的结构性产品	固定期限，期限不定	根据收益结构不定	根据收益结构不定
	结构性票据（QDSN）	固定期限，一般为 1 年或以上，但有退出条款	一般较高	很高

6. 互联网金融理财产品

2013 年中国金融领域最值得关注的课题首选互联网金融的兴起与发展，包括支付结算互联网化（第三方支付）、网络融资（P2P、众筹融资、电商小贷等）、虚拟货币（比特币）、网络营销以及周边产业（金融搜索、金融咨询、法务援助等）在内的互联网金融发展远远超出了人们的预期，不仅深刻影响着中国金融市场的结构、家庭金融资产选择、货币政策有效性以及金融文化，对中国金融业未来的发展也会有颠覆性的影响。

目前互联网金融理财主要分为两类：一类是基于网络融资的理财，以众筹、陆家嘴金融交易所、人人贷为代表；另一类是传统理财产品与互联网销售相结合的产物，是货币基金、互联网机构、支付结算机构合作的结果，其主要代表为余额宝、活期宝、微信理财等。因为此类互联网理财产品在国内最早出现的是余额宝，所以本书在以下的章节里，将此类产品称为余额宝类理财产品。

先看网络融资理财产品。第一类理财产品的运作模式可简单描述为：平台公司在线下调查、审核融资项目的基础上，在线上募集资金，即对借贷资金进行撮合。国外同类产品的运作模式一般为，平台方的收益为固定管理费用，而投资者的收益为资金需求方愿意支付的利息，其利率包括了无风险利率和借贷项目的风险补偿，投资者承担借贷项目的风险。但目前国内的运作模式则有所不同，主要分为有担保模式和无担保模式两种。

第一，有担保模式网络融资理财产品。国内有担保 P2P 模式起步比无担保 P2P 模式晚一些，但自 2012 年以来，其发展迅猛。此种模式的代表是平安集团旗下的陆家嘴金融交易所（以下简称"陆金所"）的"稳盈-安e贷"。其运作方式如下图4.4所示：

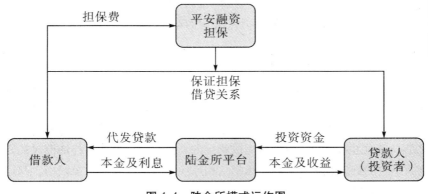

图4.4　陆金所模式运作图

平安融资担保是平安旗下专门为陆金所"稳盈-安e贷"业务提供连带责任担保的专业融资型担保公司。其主要靠项目评审、收取担保费维持运营。根据项目质量的不同，担保公司收取高低不等的担保费，而贷款人通过陆金所平台支付给贷款人的利息是一定的，目前多为基准贷款利率上浮40%。实际上，在此模式中，借款人相当于只获得了无风险报酬率。从这个意义来看，这类理财产品的收益率实际上由市场无风险报酬率决定。

有担保模式的网络融资理财产品的主要特点包括：

（1）信用风险由担保人承担。传统的民间借贷，交易对手的信用风险都由贷款人承担，即便采用了担保措施，交易对手的信用风险主要还是由贷款人本身承担。而在担保模式P2P中，承担借款人信用风险的主要不是贷款人，而是担保人，很多交易平台都规定"所有稳盈-安e贷均由中国平安旗下担保公司承担担保责任。若借款方未能履行还款责任，担保公司将对未被偿还的剩余本金和截止到代偿日的全部应还未还利息与罚息进行全额偿付"。

（2）风险报酬由非贷款人享有。因为借款人的信用风险主要由担保方承担，所以贷款的风险报酬主要也由担保方所有，而非贷款人所有。实际上，在担保模式P2P中，无论贷款项目风险如何，贷款人一般只获得一个固定的利率，而贷款项目的风险溢价则以浮动担保费或服务费的形式归担保方所有。

（3）运行机制类似商业银行存贷业务。由于此类模式的担保人一般实力比较雄厚（如陆金所实际上是大型金融集团的子公司），经过担保人连带责任担保的债权一般不会让贷款人蒙受损失，贷款人承担的风险很小，所有的风险都集中在担保人身上。如果仅从这个意义上讲，贷款人相当于银行储户，担保人相当于银行，整个运作机制类似于银行的存贷业务。这种运作模式可能导致了两个后果：第一，P2P借款客户的风险偏好属性类似于银行存款客户的风险偏好属性；第二，P2P平台包括担保公司的运作平台化，不再是单纯的居间方，经营风险大幅提升。

第二，无担保模式网络融资理财产品。无担保模式及前文所述柜外网络融资理财模式，在国内运行比较成功的是人人贷（renrendai.com）。其实，人人贷运行之初，只提供信息居间服务，仅是提供信息的平台，借款人将资金需求信息放在网络平台上，贷款人获得信息后决定是否借贷，通过网络平台确认相关关系，再通过第三方支付平台完成资金的划拨。应该说，这样的模式最有利于贷款平台的稳定，贷款平台不承担信用风险，自身经营风险也较小。其运作模式如图4.5所示。

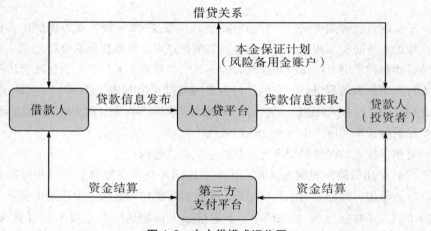

图4.5　人人贷模式运作图

但随着行业竞争的加剧，某些新兴的P2P机构为了提高竞争优势，招揽更多客户，逐步开始向客户提供本金保证计划，主动承揽部分信用风险。为了在竞争中立于不败之地，人人贷也推出了本金保证计划。其运作模式为，设立风险备用金账户，该账户中的风险备用金由人人贷按照贷款产品类型及借款人的信用等级等信息，在每笔借款的服务费中按不同比例计提。当借款人（债务人）逾期还款超过30日时，人人贷将按照贷款信用的不同，按照事前约定从该账户中提取相应资金用于偿付贷款人（债权人）应收取的本息金额。

无担保模式的网络融资理财产品的主要特点包括：

（1）无独立的担保措施。风险备用金账户看上去与担保公司作用相当，实际上完全不同，具体表现在资金的提供方、保障范围、资金来源、失效条件和法律性质五个方面。虽然风险准备金账户能起到一定的风险控制作用，但并不是典型意义上的担保措施，其对贷款人的保障力度也较小。此外，担保服务与居间业务都由平台公司提供，这有可能使平台公司在经营上陷入两难境地：如果偏重业务发展，则风险准备金账户很可能被用罄，最终影响业务的发展；如果偏重风险控制，则有可能将借款人的融资成本增加，最终也会影响业务发展。实际上，此种模式将本应该属于两个企业提供的服务集中为一个企业提供，对平台企业的资产定价能力、内部控制等都提出了更高要求。

（2）贷款利息完全归贷款人所有。由于本金保证计划等措施不能完全覆盖借款人信用风险，大部分信用风险仍然由贷款人承担，故借款人付出的利息全部归贷款人所有，平台公司的风险补偿由贷款费用承担。贷款利息都归贷款人所有，会造成不同贷款的利率不一样。这实际上是将借款人、贷款人分别作了市场细分，高风险承受能力的贷款人对应信用不佳的借款人和风险较高的贷款，低风险承受能力的贷款人对应信用优良的借款人和风险较低的贷款，这有助于提高整个平台的运行效率。

（3）平台运营风险较大。目前，无担保模式为了与有担保模式竞争，多数引入了本金保障计划机制。为了业务发展，部分 P2P 平台机构展业比较激进，对不良类贷款实行通融赔付，大大超过了自身的承受能力。甚至部分没有本金保障计划机制的平台，也对不良类贷款进行赔付。赔付的增多让平台机构铤而走险，这样更加大了平台的运营风险。如优易贷、安泰卓越、众贷网、城乡贷等一批平台机构轰然倒下，多少都与这些因素有关。见表 4.14。

表 4.14　　　　风险备用金账户与连带责任担保的区别

项目	本金保证计划	连带责任担保
信用提供方	平台自有账户	独立的第三方担保公司
保障范围	根据借款信用的不同，分为部分本金、全部本金、本金及利息三类	本金及利息
资金来源	从平台的服务费中收取	单独收取担保费
失效条件	风险备用金账户用罄	担保公司破产，无力履行担保责任
法律性质	一般的商事约定	典型的担保

再看余额宝类理财产品。余额宝类理财产品运作模式比较简单，即用互联

网外壳包装传统的理财产品，打破传统理财产品在投资起点、支付结算等方面的局限，提高传统理财产品的竞争能力。请见表 4.15 所示。

表 4.15　　　　　　　　主要余额宝类理财产品属性一栏①

项目	余额宝	苏宁零钱宝	微信理财通	百度百赚利滚利	汇添富现金宝	平安盈
产品发行方	支付宝	苏宁商城	腾讯	百度	汇添富基金	平安银行
绑定基金	天弘增利宝货币基金	广发天天红、汇添富现金宝	目前仅华夏财富宝，未来还会和易方达、广发以及汇添富合作	嘉实货币基金	汇添富货币 A	南方现金增利、平安大华日增利
最低门槛	1 元	1 元	0.01 元	1 元	0.01 元	0.01 元
赎回限额及变现速度	5 万及以下快速提现：2 小时到账提现 5 万以上 T+1 工作日 24：00 前到账。	T+0 赎回，2 小时内到账，赎回小额根据客户认证状态不同而有差异	单笔赎回最高 5 万元，每天赎回上限 5 次。除广发银行以外的支持银行到账时间为 t+0 或 t+1。广发银行客户赎回 1~3 天到账。	（1）快速取现在非公告的正常情况下，20 分钟到账，每天上限 25 万元，最多取现 5 笔。（2）普通取现，第二个工作日到账，可享受赎回申请当天的收益。	（1）快速取现，在非公告的正常情况下，支持 5 大行及 10 家主流商业银行 500 万元以内 T+0 实时到账；（2）第二个工作日到账，可享受赎回申请当天的收益。	T+0 到账，单账户每天赎回上限 100 万元。
份额确认及收益计算	T+1 日计息（T 指工作日，超过 T 日 15：00 的申请视为 T+1 的申请）					
购买额度限制	转入后总额持有不超过 100 万元。若现有余额宝金额超过 100 万元则不影响。	未认证客户单笔 1 000 元，认证客户不限。	单笔购买最高额度 5 万元，每个理财通账户资金不超过 100 万元；	受制于银行限制，均在 20 万元/日以上；其中交通银行无上限。	受制于每家银行限制，但额度均在 100 万元/日以上。	单账户当天限额为 1 000 万元。

---

① 海通证券金融产品研究中心. 现金管理工具的 Baby boom. 内部研究报告.

从表 4.15 可以看出，目前余额宝类理财产品主要是现金管理类理财产品，其运作模式都是通过对接货币型基金获取收益。相比于传统的理财产品，互联网金融理财产品具有以下特点：①风险水平总体较低。由于该类理财产品定位为现金管理，其目的是为了与传统商业银行争夺活期存款、短期限定期存款、短期理财产品的客户，以银行协议存款为主的资产配置策略，使得该类理财产品的信用水平与银行存款信用水平基本相同。②收益率水平不仅明显高于同期限银行存款利率，而且还略高于传统货币市场基金的收益水平。这是因为传统货币型基金一般通过银行柜台渠道销售，而互联网金融理财产品则直接通过互联网销售，二者的销售费率之差可能是互联网金融理财产品的收益率略高于传统货币市场基金收益率的原因之一，可以理解为本应属于银行的收益转移给了互联网金融理财产品的购买者，具有普惠金融的性质。

扩展阅读专栏三

中国高净资产客户财富管理背景分析

诺亚财富

一、中国的私人财富

除日本外，中国家庭持有的私人财富是亚太地区规模最大的，位列世界第四。2009 年，按可投资资产衡量（不包括住宅投资），中国家庭持有的私人财富总额为 56 万亿美元左右。近几年中国在私人财富方面成为全世界范围内增长最快和最具活力的国家之一。2003—2009 年期间，中国全部私人财富的年复合增长率由 12.5% 增加至 24.8%。而在同一时期，亚太其他地区（除日本外）私人财富的平均年复合增长率为 12.5%，世界范围内平均年复合增长率仅为 4.5%。在最近的全球金融危机中，中国的私人财富在 2008 年增长了 8.3%，而全球平均私人财富却下降了 11.7%。

以下因素是促使中国私人财富增加的原因：

（1）快速而富有活力的经济增长。在全球范围内，中国已经成为经济增长最快的主要经济体。2003—2009 年期间，中国实际 GDP 平均增长率为 10.5%。这种强劲且富有活力的经济增长一直是推动中国私人财富增长的最根本动力。

（2）蓬勃发展的私营经济。在过去几年，私营经济部门在中国经济发展中扮演着重要的角色。据经济合作与发展组织（Organization for Economic Co-operation and Development）以及中国国家发展与改革委员会所提供的数据，1998 年，私营部门对中国 GDP 的贡献率为 50.4%，而这个数字在 2009 年达到了 60.0%。私营经济部门已成为推动中国高净资产人群增长的主要动力,且大多数中国高净资产人群为企业家和第一代财富创造者。制造业、房地产和其他蓬勃发展的民营经济行业,其中 70% 是由中国高净资产人群创造的。

(3) 资产价格上升。中国居民手中持有资产出现了快速和大幅升值,这也大大推动了中国私人财富的增长速度。2009 年大约有 20% 的中国私人金融资产都以资本市场产品的形式存在。尽管中国 A 股市场经常出现波动,但股票仍是部分人群财富来源的一种。

二、中国高净资产人群

2003—2009 年期间,中国凭借 21.5% 的高净资产人群数量年复合增长率成为世界上富人数量增长速度最快的国家之一。报表表头中将高净资产人口定义为拥有的可投资资产包括现金、存款、股票、债券和其他金融资产(但不包括主要住宅)在 100 万美元或以上的个人。2009—2013 年,中国这类百万富翁的人数预计仍会以 15.3% 的年复合增长率增加(从 2009 年的 40 万人增加至 2013 年的 80 万人)。平均个人可投资净资产财富预计将从 2009 年的 2 100 万元 RMB(约合 310 万美元)增加至 2013 年的 2 470 万元 RMB(约合 360 万美元)。

就高净资产人群数量而言,2009 年中国位列世界第四;如果按亿万富翁的人数来算,2010 年 2 月中国位列世界第二,仅次于美国。

中国的百万富翁平均年龄为 39 岁。中国亿万富翁平均年龄为 43 岁,比世界其他国家和地区的亿万富翁年龄小 15 岁。

2008 年,大约有 386 000 户中国家庭持有的金融资产价值超过 100 万美元。这些家庭数量只占中国总家庭用户数量的 0.1% 左右,但它们却控制了中国约 28%(或 1.2 万亿美元)的家庭总财富。

中国高净资产人士根据他们的财富来源可分为四种类型:企业家、公司管理层及专业人士、专业投资者和家族财富继承者。

(1) 企业家:中国私营经济部门大部分高净资产人群为企业家和第一代财富创造者。他们曾经并有望在未来继续成为中国"富贵成员"中增长速度最快的人群。

(2) 公司管理人员和专业人士:这一部分人群所占的比重相对较小,但他们一般都在财务管理方面受到过良好教育或拥有这方面的专业知识。

(3) 专业投资者:这部分人群通过投资股票、房地产和其他投资项目来积累财富,但他们所占的比重也很小。

(4) 家族财富继承者。这类人群一般通过家族财富继承或接受家庭内部成员的资金支持来变成富翁。

按先后顺序来看，中国高净资产人群主要的个人意愿为：积累财富、追求更高质量生活和继承财富。这跟第一代财富创造者和比他们稍小的下一代的财富追求目标是一致的。

从地理分布来看，中国高净资产人群主要集中在中国三个核心经济区域，即长江三角洲、珠江三角洲和环渤海。其中五个省市，包括广东、上海、浙江、北京和江苏地区的高净资产人群数量约占全国范围内总数的47%。这些人群不仅汇聚在中国经济中心如北京、上海、深圳和广州等地区，他们的身影也出现在较小的城市如温州、福州、义乌、宁波、佛山。

三、中国财富管理行业

中国财富管理行业的市场很大，但缺乏客户分类和多样化的服务和产品。这一领域的主要市场参与者包括银行、保险公司、共同基金管理公司、信托公司和证券公司。

在过去几年，中国财富管理服务行业已取得了突飞猛进的增长。根据中国保险监督管理委员会提供的数据，从2003年至2009年，保险业总资产增长了三倍多，从2003年的1.23万亿元RMB增加至2009年的4.06万亿元RMB。在同一时期，中国基金公司所管理的资产从200亿美元增加至3 370亿美元，增加了17倍。中国的信托资产在2009年增加至189 740亿元RMB。银行管理的财富总额增加至2009年的5万亿元RMB。2009年，在所有家庭可投资资产中，现金和存款总额达到了4.3万亿美元。在中国，由于有超过75%的私人财富仍然是以现金和存款形式被持有的，因此财富管理服务行业未来有着巨大的增长潜力。

四、高净资产人群财富管理服务业

中国高净资产人群的财富管理服务行业正处于发展的初期阶段，因此市场普及率低，客户认知度逐步提高，市场分散，增长潜力大就成了这一阶段该行业的主要特点。

（1）较低的市场普及率

目前，中国大约有80%的高净资产人群自己管理他们个人的财富和自己做投资决策。这些人群持有的现金和存款额不到他们总资产的40%。他们投资的对象主要集中在股票、共同基金和银行理财产品上。

就财富管理产品和服务的供应而言，这一市场仍处于早期发展阶段，因此也存在诸如成熟产品、运营经验、合格的专业人才缺乏等不足。

此外，在中国，由于高净资产客户的财富管理服务业属于新兴行业，目前中国国内市场参与者仍处于不断提升专业知识和经营模式的阶段。但是，市场中现在也出现了越来越多的更加成熟产品如私募股权产品，并且财富管理服务范围也已经逐步扩大，如财富继承计划和生活方式服务。

（2）客户认知度的提高

在需求方面，中国高净资产人群对于私人银行和其他财富管理服务的需求还非常小。据统计，超过80%的中国高净资产人群还对财富管理服务的概念比较陌生。这种较低的客户认知度对市场参与者来说是不小的挑战，但同时在某种程度上讲，也是巨大的机遇。

2008年爆发的全球金融危机，在一定程度上也改变了高净资产人群对专业的财富管理服务的态度，他们越来越依赖于专业的财富管理服务和产品，而我们相信这种趋势在未来还会不断地延续下去。

中国的高净资产人群仍不了解外国私人银行和财富管理服务，而金融危机后，他们对这些外国银行的态度会变得更加谨慎。

中国境内针对高净资产人群的财富管理如固定收益产品，由于金融危机时期出现的违约事件较少，也经受住了市场的考验。因此，在未来，高净资产人群也会更加偏向于去投资那些他们自己能看懂的理财产品。

（3）分散的市场结构

针对中国境内高净资产人群的财富管理服务行业支离破碎局面，大多数市场参与者尤其是中资银行，正在建立其品牌的知名度和实施差异化、专业化的运作。目前，中国OTC财富管理产品销售的市场进入壁垒相对较低，在大多数情况下，它们并不需要政府批准和监管许可，也不需要大量的资金投入。此外，外资公司从事经营财富管理产品服务上的限制也已逐渐减少。

财富管理服务行业的主要市场参与者包括国内商业银行、外国私人银行、信托公司。

①国内银行：中国国内银行进入财富管理行业的时间相对较晚，但是凭借其强大的分行网络和客户群，2009年，它们占有了中国高净值财富管理服务行业88%的市场份额。2007年，中国银行率先正式推出私人银行业务，紧接着，中国工商银行、中国建设银行、中国招商银行和其他商业银行也随即推出此业务。不过它们现在仍然面临着扩大高净资产人群资源的现有零售网络和提升差异化、专业化经营水平的权衡。

②外资银行：外国私人银行如汇丰银行和渣打银行已在欧洲和美国拥有了比较成熟的私人银行业务模式。2009年，外国私人银行占据了中国财富管理服务行业近4%的市场份额。外国私人银行拥有较专业的财富管理知识和技

术，但它们缺少用户基础和在销售国内某些产品时也存在着一些限制。

③国内信托公司：信托是以信任委托为基础、以货币资金和实物财产的经营管理为形式、融资和融物相结合的多边信用行为。在中国，信托公司从根本上讲充当着借款人和投资者中介机构。它们将贷款和股票等金融资产打包成信托产品，然后卖给投资者特别是高净资产人群投资者。信托公司一般在财富管理产品生成和发展上具备良好的专业知识。但由于缺乏分销网络，信托公司通常只能借助第三方如银行和独立理财经理公司来吸引投资者。

五、独立财富管理业

现在，针对高净资产人群的财富管理产品数量越来越多，而市场对独立专业理财服务的需求也随之越来越大。此外，高净资产人群在做投资决策时变得更加成熟，并拥有了多样化的投资选择。因此，市场上出现了许多独立财富管理公司，它们有以下共同特点：

（1）独立财富管理公司提供更全面的解决方案。它们努力去了解客户的需求，并力图依靠其专业的知识和产品帮助客户做专业的投资决策。

（2）独立的财富管理公司更好地提供独立和客观的财务建议和服务，因为它们独立于其他任何金融机构或产品提供者。

（3）独立财富管理公司通常都有一个以客户为中心的管理模式，而这一模式也是实现客户满意度和忠诚度的主要因素。

2009年，从所开立的账户来看，独立财富管理服务公司占据了整个财富管理服务行业约7%的市场份额，而从客户数量来看，其市场占有率达到8%左右。

尽管独立财富管理服务行业目前还比较分散，但凭借强大的品牌和产品销售网络以及更加成熟的产品，中国独立财富管理公司已经做好了迎接中国财富管理服务市场巨大的增长前景的准备。

［资料来源］http：//finance. ifeng. com/usstock/realtime/20101024/.

第五章　中国财富管理市场考察与分析

　　财富管理市场是一个宽泛的概念，是各类资产管理市场的总称，可按不同的分类标准进一步细分。为方便研究，本书按市场交易的资产类型为标准对财富管理市场进行分类。具体而言，财富管理市场可以分为：①实物资产管理市场，包括贵金属实物市场、古玩市场、书画市场等；②金融资产管理市场，包括货币市场、债券市场、股票市场、基金市场、信托市场、银行理财产品市场等衍生金融产品市场；③人力资本管理市场等。

　　考虑到市场参与主体的广泛性、市场认知程度以及市场交易规模的大小，结合中国财富管理市场的历史与现状，本章我们仅选取中国的金融资产市场，包括债券市场、基金市场、银行理财产品市场以及第三方理财服务市场，进行一些必要的、粗线条的考察与分析。

第一节　债券市场

　　从债券的发行和交易看，债券市场可以分为三个市场：一级市场（发行市场）、一级半市场（发行后到上市前的交易市场）和二级市场（流通市场）。其中，一级半市场的形成是由于中国债券市场仍处于发展初期，监管部门倾向于保护承销商的利益，以激励其积极做大债券市场规模，对一级市场给予一定的价格保护。而承销商在交款之后到债券上市之前，可能出于对市场的研判、自身资金的需求等各方面原因，需要卖出部分债券，而交易对手则为了博取一级市场与二级市场之间的差价，通常也乐于接受。但是应该看到的是，一级半市场不是一个规范的市场，其中蕴含着较多的法律风险和操作风险，自2013年开始，已经受到金融监管部门较为严格的监管。

　　从交易场所来看，目前中国的债券市场包括场内市场和场外市场。前者目前主要指上海证券交易所和深圳证券交易所，又被称为交易所市场；后者可分为批发市场和零售市场。其中，批发市场是指银行间债券交易市场（以下简称银行间市场），零售市场主要是指商业银行的柜台交易市场，主要是向个人投资者销售国债等债券。

一、债券一级市场

（一）债券发行品种与数量考察

从债券的发行市场看，近年来债券发行数量逐年增加，而中期票据、短期融资券数量占比增加明显，反映出债券发行主体正从国家、大型国企、金融机构转移到一般企业。但从规模上看，近年来债券市场发行总规模缩小，这主要是由于作为货币政策工具的中央银行票据发行量变动较大所致。

从债券发行方式和审批制度看，不同债券品种的一级市场发行方式存在着明显的差别，主要有以下几种方式：①审批制。国债由财政部代理发行，由全国人民代表大会常务委员会审批；上市公司债由中国证券监督管理委员会审批；企业债由国家发展与改革委员会或者由其授权的省一级发改委审批。②备案制。中小企业私募债使用备案制，仅需要到证券交易所备案即可发行。③注册制。非金融企业债务融资工具（包括短期融资债券、集合票据等）采用注册制度，债券销售商只需在中国银行间市场交易商协会（NAFMII，交易商协会）注册该债务工具，便可进行发行承销。见表 5.1 和表 5.2。

表 5.1　　　　　　　　　　　近年来各类债券发行数量表　　　　　　　单位：款

	债券种类	2000年	2001年	2002年	2003年	2004年	2005年	2006年	2007年	2008年	2009年	2010年	2011年	2012年	2013年
政府债	国债	21	23	24	23	18	25	33	40	39	77	82	73	65	70
	地方政府债	0	0	0	0	0	0	0	0	0	50	10	16	18	24
	中央银行票据	0	0	19	63	100	124	97	141	122	71	114	100	0	20
金融债	政策银行债	17	28	38	37	34	53	64	69	59	51	66	105	173	290
	商业银行债	0	0	0	0	2	4	4	9	5	3	1	3	22	33
	商业银行次级债券	0	0	0	0	11	10	8	9	22	37	21	30	33	2
	保险公司债	0	0	0	0	0	0	0	0	4	0	4	5	6	0
	证券公司债	0	0	0	0	2	0	1	0	0	0	0	1	0	4
	其他金融机构债	0	1	1	2	0	0	5	10	0	11	5	2	3	11
企业债	一般企业债	6	4	16	17	17	36	43	81	64	179	172	192	479	373
	集合企业债	0	0	0	0	0	0	0	0	2	0	1	2	3	5
	公司债	0	0	0	0	0	0	0	5	15	47	23	83	294	365
中期票据	一般中期票据	0	0	0	0	0	0	0	0	39	171	222	434	751	894
	集合票据	0	0	0	0	0	0	0	0	0	4	19	22	46	34

债券种类		2000年	2001年	2002年	2003年	2004年	2005年	2006年	2007年	2008年	2009年	2010年	2011年	2012年	2013年
短期融资券	一般短期融资券	0	0	0	0	0	77	242	263	268	261	437	612	871	979
	超短期融资债券	0	0	0	0	0	0	0	0	0	0	2	20	125	216
	证券公司短期融资券	0	0	0	0	0	5	0	0	0	0	0	0	16	134
其他	国际机构债	0	0	0	0	0	2	1	0	0	1	0	0	0	0
	政府支持机构债	1	1	0	1	2	3	8	4	10	15	18	18	15	14
	可转债	2	0	5	16	12	0	7	10	5	6	8	9	5	8
	可分离转债存债	0	0	0	0	0	0	3	6	11	1	0	0	0	0
	资产支持证券	0	0	0	0	0	8	27	16	26	0	0	6	45	55
合计		47	57	103	159	198	347	543	665	689	986	1 206	1 734	2 972	3 527

［资料来源］普益财富金融数据终端（www.pywm.com.cn）.

表 5.2　　　　　　　　　　　近年来各类债券发行规模表　　　　　　　单位：亿元

债券种类		2000年	2001年	2002年	2003年	2004年	2005年	2006年	2007年	2008年	2009年	2010年	2011年	2012年	2013年
政府债	国债	4 620	4 884	5 934	8 042	5 314	7 042	8 883	23 599	8 615	16 418	17 882	15 447	15 233	16 974
	地方政府债	0	0	0	0	0	0	0	0	0	2 000	2 000	2 000	2 500	3 500
	中央银行票据	0	0	1 938	7 227	15 072	27 462	36 523	40 390	42 960	38 240	42 350	14 140	0	5 362
金融债	政策银行债	1 645	2 690	3 211	4 725	4 353	6 068	8 996	10 946	10 811	10 678	12 425	19 072	21 237	20 589
	商业银行债	0	0	0	0	35	270	310	446	250	100	10	350	1 680	1 115
	商业银行次级债券	0	0	0	0	749	766	132	337	724	2 681	920	3 132	2 240	17
	保险公司债	0	0	0	0	0	0	0	78	0	40	410	620	0	0
	证券公司债	0	0	0	0	27	0	15	0	0	0	0	30	0	193
	其他金融机构债	0	35	45	100	0	0	113	190	0	290	50	47	107	189
企业债	一般企业债	71	125	325	328	272	604	615	1 096	1 567	3 247	2 821	2 471	6 485	4 748
	集合企业债	0	0	0	0	0	0	0	13	0	5	6	14	15	4
	公司债	0	0	0	0	0	0	0	112	288	735	512	1 291	2 623	2 423
中期票据	一般中期票据	0	0	0	0	0	0	0	0	1 537	6 500	4 824	7 884	11 291	11 125
	集合票据	0	0	0	0	0	0	0	0	0	13	47	66	106	66
短期融资券	一般短期融资券	0	0	0	0	0	1 224	2 920	3 349	4 239	4 312	5 892	7 522	8 792	9 257
	超短期融资债券	0	0	0	0	0	0	0	0	0	0	150	1 440	5 822	7 535
	证券公司短期融资券	0	0	0	0	29	0	0	0	0	0	0	0	561	2 996
其他	国际机构债	0	0	0	0	0	21	9	0	0	10	0	0	0	0
	政府支持机构债	20	15	0	30	50	250	400	600	1 100	1 700	2 840	2 450	2 000	1 900
	可转债	0	0	0	0	78	177	178	302	0	0	0	13	272	257
	可分离转债存债	29	0	42	186	209	0	44	106	77	47	717	413	164	545
	资产支持证券	0	0	0	0	0	99	189	633	30	0	0	0	0	0
合计		6 384	7 749	11 495	20 638	26 080	43 814	59 235	81 552	73 181	87 005	93 485	78 192	81 747	88 795

［资料来源］普益财富金融数据终端（www.pywm.com.cn）.

（二）债券发行市场趋势分析

1. 发行规模扩大，债券品种日益丰富

如果说过去十年中国金融市场的爆发式增长促成了非标准金融资产（银行理财、信托计划、券商集合理财等）规模的扩大，但是，近年来稳定增长的市场需求为债券市场带来了新的发展机遇，大量非标准化的金融资产通过资产证券化转换成了标准化的债券，建立规范的二级市场成为了适应各类机构资产管理基金化趋势的需要。在存贷利率市场化的背景下，直接融资工具将逐步替代部分间接融资工具，这将会创造出更多的债券新品种，如真正意义上的地方政府债券、基于不动产支持的债券等，而既有的资产证券化产品、针对企业的专属债券、集合票据等品种也将迎来新的发展机遇及宽松的政策环境，具有较大的创新与发展空间。

2. 债券发行标准的降低，使得更多的融资主体通过债券市场融资，一个多层次的债券市场体系基本形成

从历史上看，我国债券市场对发行人的资质要求很高，近乎苛刻，除中小企业私募债、城市投资债券之外，其他债券发行人的准入门槛普遍高于制度上的要求，将大量融资需求主体挡在了债券发行大门之外。此外，债券发行人出于维护自身声誉和再融资能力的考虑，即使发行人债券投资项目失败，缺少了正常兑付债券本息的能力，也很少以违约的方式处理，而是采用各种风险后移的方式解决。债券市场发展了30余年，迄今为止鲜有实际违约的案例出现，债券市场似乎成为了无风险金融资产市场，不能不说是中国债券市场的典型特征，具有鲜明的中国特色，但无论如何不能算是债券市场的一个正常现象。此类现象的长期存在，一方面，使得中国的债券失去了本来意义上的风险收益相对称的金融资产本质，扭曲了债券市场的基本功能；另一方面，政府背书债券信用以及债券投资的稳赚不赔，强化了债券发行人的道德风险，更不利于投资者教育、风险意识和信用文化的建设，值得深入思考。

二、债券二级市场

中国债券二级市场的兴起与发展最早可追溯到1987年，在此之前，债券只有一级市场，没有二级市场。1987年1月5日，中国人民银行上海分行公布《证券柜台交易暂行规定》，明确了经认定的政府债券、金融债券、公司债券等可以在经金融监管部门批准的金融机构办理柜台交易；1988年，金融监管部门批准在全国61个大中城市进行国债流通转让的试点，开始了银行柜台债券现货交易。经过20多年的发展，我国已经基本上建立起以银行间债券交易

市场为主、交易所市场为辅、柜台交易市场为补充的多层次债券交易市场体系。见图5.1和图5.2。

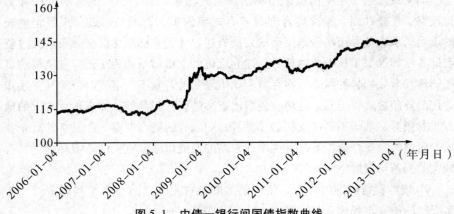

图5.1 中债—银行间国债指数曲线

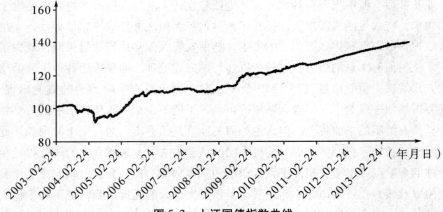

图5.2 上证国债指数曲线

1997年6月，中国人民银行发布了《中国人民银行关于各商业银行停止在证券交易所证券回购及现券交易的通知》（银发〔1997〕240号），要求各商业银行全部退出债券交易所市场，可使用其在中央登记结算公司（以下简称中登公司）托管的国债、中央银行融资券以及政策性金融机构债等自营债券，通过全国银行间同业拆借中心提供的交易系统进行回购和现券交易，标志着机构投资者进行债券大宗批发交易的场外市场（银行间债券市场）正式启动。经过十多年的发展，银行间市场债券交易市场已经成为我国债券市场的最重要组成部分。

（一）银行间债券交易市场

（1）从参与主体来看，都是机构投资者。主要包括：在中国境内具有法人资格的商业银行及其授权分支机构、在中国境内具有法人资格的非银行金融机构、非金融机构以及经中国人民银行批准经营人民币业务的外国银行分行。这些机构中，以金融机构尤其是银行业金融机构为主，而非金融机构的交易受到一定限制。

（2）从市场性质来看，银行间债券交易市场是典型的场外市场。具体表现在其价格形成机制是询价机制（OTC）、采用做市商制度、交易标的是非标准化的债券等方面。

（3）交易金额较大，是典型的批发市场。虽然交易的单位为万元，但是大多数的交易在千万元以上。

（二）交易所债券交易市场

1990 年 12 月开始，上海证券交易所、深圳证券交易所和一些区域性证券交易中心相继建立，这些集中性交易市场接受实物债券的托管，并以托管单位为依据转为记账式债券进行交易，形成了撮合成交的债券市场。经过"327 国债事件"等对债券市场影响较大的事件后，地方性证券交易中心相继关闭，仅有上海证券交易所和深圳证券交易所两家交易所开办债券二级市场转让业务。1997 年，为防止商业银行资金违规流入股市，金融监管部门禁止商业银行进入股票市场交易。自此，交易所债券市场的参与者资格、交易基本规则等基本确立。

与银行间债券交易市场相比，交易所债券交易市场有以下几个特点：

（1）从参与主体来看，机构投资者和个人投资者均可参与。目前参与交易所债券交易的投资者包括证券公司、基金公司、保险公司、企业和个人等投资者，市场准入比较宽松，投资者只需要开立相关账户即可参与交易，不需要做过多的审查。

（2）从市场性质来看，交易所债券交易市场是典型的场内市场。这表现在债券价格形成机制是通过集合竞价、交易时通过系统撮合成交。

（3）从债券交易量看，交易所市场规模远远低于银行间市场，这导致了其价格发现机制的效率受到影响。从目前各类研究结果看，一般认为，银行间债券市场的价格比交易所的债券价格更能反映债券市场的供求状况。

交易所市场和银行间市场的主要区别见表 5.3。

表 5.3 　　　　　　　　　　　交易所市场和银行间市场的主要区别

序号	银行间市场	交易所市场
参与主体	以金融机构尤其是银行机构为主，没有个人投资者	机构投资者和个人投资者，商业银行仅限于试点的上市银行
市场性质	OTC	场内市场
价格形成	双边报价（做市商制度），一对一询价	集中撮合竞价
交易券种	绝大部分的金融债、中央银行票据、非金融企业债务融资工具	国债、企业债、可转换债券等
主管机构	中国人民银行	中国证监会
自律机构	交易商协会	证券业协会

第二节　基金市场

中国的基金是和股票、债券等金融资产相伴相生、共同发展的，但是，基金作为金融资产被社会各界和普通家庭认知、理解和大规模参与的时间，可能要从 2001 年后开放式基金的设立和发展算起。自此开始，基金市场的快速发展对于繁荣中国证券市场、拓宽中国家庭金融资产选择范围、提高家庭财产性收入等方面起到了不可替代的作用。本节我们按照基金市场发展的历史，对中国基金市场做一些阶段性考察。

一、萌芽阶段

1987 年，中创公司在香港地区与外资金融机构合作，成立"中国置业基金"，这是第一只由国内金融机构管理的基金，拉开了中国基金业发展的大幕。1990 年，国内第一只证券投资基金——"武汉证券投资基金"成立；1992 年，国内第一只规范的投资基金——"淄博乡镇企业投资基金"成立，并于 1993 年在上海证券交易所挂牌上市，这也是我国第一只封闭式基金。在其后的半年内，类似的基金大量成立，但由于受到国家宏观调控政策影响，自1993 年下半年开始，此类基金的审批受到一定的限制。由于在此期间，基金设立的法律结构还不是完全意义上的信托关系以及相关法律、制度的缺失，在1994 年金融行业整顿、经济增速放缓的情况下，基金公司和基金产品的问题逐步开始暴露，经营举步维艰，清理整顿在所难免，整个基金行业的发展陷入了低谷。

在此阶段，基金行业发展的主要特点有：第一，基金产品不是严格意义上的证券投资基金，其投向包括产业投资和证券投资等。如前面提到的"淄博乡镇企业投资基金"，募集资金为 1 亿元人民币，40%投向证券市场、60%投向淄博乡镇企业。第二，基金运作模式全为封闭式，没有开放式基金产品，基金价格受到二级市场波动较大影响，基金折价的现象长期存在。第三，由于基金资产部分配置到流动性较差的房地产等实业领域，产品运作受到较大影响，资产配置不够灵活。

二、起步阶段

1997 年，中国证监会颁布了《证券投资基金管理暂行办法》，基金行业的基本法律关系、基金公司的运作模式、基金产品的运作方式等都逐步得到规范，以此为契机，基金业迎来了一个真正意义上的起步阶段。在此期间的试点、探索过程中，1998 年 3 月 27 日，经过中国证监会的批准，南方基金管理公司和国泰基金管理公司分别发起设立了两只规模均为 20 亿元人民币的封闭式基金——基金开元和基金金泰，由此拉开了中国证券投资基金试点的序幕。基金市场在几个方面取得了突破：

（1）对基金从业机构进行了较为严格的规定，对市场准入、内部控制、信息披露等方面进行了进一步规范。特别是在 2000 年"基金黑幕"事件曝光以后，金融监管部门加强了对市场的监管，使从业机构的各项能力得到了较大提高，促进了市场的规范化运作。

（2）创新类基金产品大量涌现，并得到快速发展。2001 年 9 月，第一只开放式基金——华安创新基金成立；2002 年 8 月，第一只债券基金——南方元宝债券基金成立；2003 年 3 月，第一只系列基金——招商安泰系列基金成立；2003 年 5 月，第一只保本基金——南方避险增值基金成立；2003 年 12 月，第一只货币基金——华安现金富利基金成立。基金新产品的不断推出，封闭式基金"封转开"，产业投资基金"老转新"等，基本上确立了我国基金市场以证券投资类为主的格局，并为开放式基金之后的快速发展奠定了基础。

三、发展阶段

经过多年的试点、摸索后，基金市场日益成熟，金融监管部门的政策思路也越来越清晰。2004 年 6 月，《证券投资基金法》正式实施，标志着我国基金市场完成了前期的摸索与起步，正式进入了快速发展阶段。在此阶段，主要有以下几个特点：

（1）法律关系得以明确，配套制度得以完善。如果说前一阶段法律、法规建设尚在探索阶段，那么本阶段有关基金的法律、法规体系基本完成。首先，2004年版的《证券投资基金法》，明确将基金投资定位为信托关系，突出了基金代人理财的本质。2012年修正案明确地将基金的组织形式拓宽到公司型和有限合伙型，完成了基金业的顶层设计。其次，《证券投资基金管理公司管理办法》、《证券投资基金信息披露管理办法》、《证券投资基金销售管理办法》、《证券投资基金托管管理办法》、《证券投资基金行业高级管理人员任职管理办法》等一系列配套法规出台，为基金业的快速发展奠定了法律基础。

（2）基金产品创新继续增强，制度创新红利释放。中国人讲究"名正言顺"，经过法规"正名"后，促进了基金业的发展。2008年，中国证监会鼓励基金公司进行产品创新，基金行业迎来了第二次创新高峰。2004年，第一只上市开放式基金（LOF）——南方基金配置基金推出；同年第一只交易型开放式指数基金（ETF）——华夏上证50ETF推出；2007年第一只分级基金——国投瑞银瑞福基金推出；同年第一只QDII基金——南方全球精选QDII基金推出；2009年第一只连接基金——华安上证180EFT连接基金推出。此外，允许基金公司开展诸如基金专户、基金子公司资产管理计划等业务。

（3）服务主体明显增多，销售渠道更加多样化。在此之前，公募基金产品主要是通过证券公司的渠道代销，但在此阶段，商业银行代销基金产品逐步成为了基金销售的主渠道。首先，在利率市场化、金融自由化的浪潮中，越来越多的商业银行意识到传统的存贷业务已经不能成为有效的利润增长点，中间业务特别是代销业务受到重视。至2010年后，不仅是国有银行和股份制银行拥有基金代销资格与业务，许多城市商业银行、农村商业银行也开展了或正在筹备该项业务。其次，出现了专业的基金销售公司，并且在资产管理产品日益丰富的条件下，部分第三方理财公司集基金代销、信托产品代为推介、私募基金销售为一体，形成了所谓的"资管产品超市"。最后，在互联网时代，基金公司也相继推出了网上基金交易平台，拓展自身的直销渠道。

（4）其他机构进入竞争，坚持理念获得认可。2000年以后尤其是2006年以后，资产管理业务蓬勃发展，各类金融机构抢滩理财市场：银行理财产品迅速兴起，产品发行量年均增长率保持着两位数以上；信托公司确立了其信托主业，2013年其资产管理规模超过人民币十万亿元。这些机构均对公募基金构成市场竞争，特别是银行理财产品和集合资金信托计划大都是固定收益类产品，管理机构采取类银行运作，实行刚性兑付，对投资者的影响很大。但公募基金则始终坚持资产管理的基本理念，在其他机构被频频监管之时，基金公司的发展似乎更加稳健。

四、基金市场展望

（1）银行理财产品和集合信托产品近年来快速发展的经验表明：中国大多数投资者特别是普通的家庭一般可视为风险厌恶型投资者，在其金融资产选择中，更多地偏向于选择固定收益类金融资产。这就要求基金管理人更加注重市场细分，更加注重产品风险收益属性与投资者需求的匹配。

对于低投资起点的公募证券投资基金来说，其客户的风险承受能力一般不高，这将会使得基金管理人把更多精力放在债券型基金、偏债混合型基金、保本基金以及分级基金领域，而对股票型基金、证券连接型基金的关注度反而下降。市场的细分，使得各家基金公司出现专业分工，选择自己擅长的领域进行资产管理。

（2）金融工具的创新为公募基金的运作提供了更多种类的固定收益类基础金融资产，如私募债券、抵押贷款支持证券（MBS）、资产支持证券（ABS）等。从目前金融市场的发展趋势看，也不排除未来会出现专门投资于私募债券或 MBS 的基金产品。因为，此类基金产品的收益率一般会高于目前的债券型基金收益率，而风险水平一般会低于股票型基金的风险水平，不仅能够起到丰富证券投资基金产品种类的作用，也便于一定风险偏好的投资者进行金融资产配置。

（3）"余额宝"类的互联网金融理财产品大量涌现。货币市场基金和偏保守型的债券型基金不仅流动性较高，而且风险较低，是储蓄存款的最佳替代产品。互联网购物和第三方支付机构的兴起，使得大量资金闲置在支付账户里，资金拥有者损失了货币的时间价值。"余额宝"类的金融理财产品的出现为第三方支付账户中的资金找到了保值增值途径，目前发展速度惊人，已经引起社会各界的普遍关注与参与。可以预见，在不久的将来，互联网金融理财产品对目前基金产品的大规模替代恐怕难以避免，将会对基金市场、银行理财市场等传统的金融理财市场带来极大的挑战。

各类基金指数走势见图 5.3。

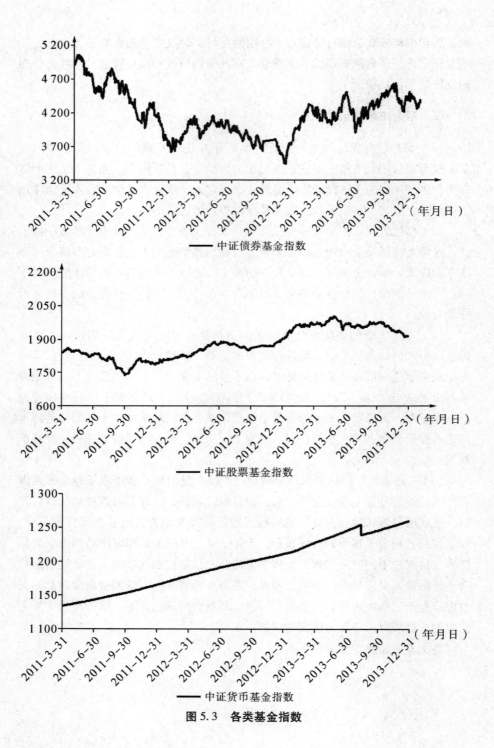

图 5.3　各类基金指数

家庭财富管理的财产性收入增长效应——基于理财市场数据的考察与分析

第三节　银行理财产品市场

一、商业银行理财产品市场兴起与发展的原因分析①

（一）规模至上逻辑下商业银行业务扩张的激励

在严格分业经营的监管模式下，商业银行利润的主要来源是其资产和负债之间的利率差，资产规模大小直接决定其利润的多少。因此，中国的商业银行一直以来都有资产规模扩张的冲动。但是，商业银行的资产扩张要受到两个因素的约束：

1. 核心资本充足率约束

中国银监会全面借鉴了巴塞尔新资本协议监管框架，颁布实施了新的《商业银行资本充足率管理办法》，一方面大幅提高了表内资产风险权重；另一方面对计入资本的项目进行了调整，特别是剔除了专项拨备、其他准备金及当年未分配利润，导致资本净额下降。新的资本监管制度的实施，将对中国银行业的经营与发展产生重大而深远的影响，从理念到实践都给国内银行业带来实质性的冲击。在此情形之下，商业银行资产扩张的主要途径无非两种：

（1）增加商业银行核心资本数额。一般说来，增加核心资本受到的制约因素较多，我国商业银行在补充资本上存在诸多困难，并非短期内可以办到，资本补充能力有限和资本缺口巨大之间的矛盾在未来相当长时间内会长期存在。

（2）通过一些安排将未到期的资产移到资产负债表之外，减少表内资产数额，从而提高核心资本充足率。因此，商业银行发行诸如资产担保证券（Asset-based Securities，ABS）和抵押支持证券（Mortgage-based Securities，MBS）之类的理财产品，多是出于此种目的。理论上讲，只要银行理财产品的发行规模和期限与银行的资产规模和期限相匹配，在核心资本不变的情况下，银行的资产规模也可以无限扩张。

2. 法定存款准备金率约束

作为传统货币政策工具之一的法定存款准备金率，有约束银行体系的货币创造的功能，中央银行通过调整法定存款准备金率，可以调节货币供应量从而影响利率水平。因此，在银行理财产品发行规模不计入其负债的情况下，银行

---

① 孙从海. 商业银行理财产品供给行为分析 [J]. 金融与经济，2011（8）.

发行理财产品不仅可以达到资产规模扩张之目的，而且还可以获得发行规模20.5%（相当于法定准备金率）的资产收益与法定准备金利率之差的收益。

（二）利率管制下商业银行竞争准则的演化

经济理论认为，价格作为市场竞争中决定胜负的准则之一，发挥着调节市场供求均衡的功能，有促进市场提高效率的作用，在众多的市场竞争准则中，被视为租值消散或社会耗费最小化的准则。在政府价格管制措施阻碍了价格自由调节的情况下，价格便失去了调节市场均衡的功能，市场的短缺或过剩就会出现，随之而来的是某种非价格的竞争准则代替价格准则，诸如凭票购买、排队轮购、设租寻租、价格歧视等现象，而这些现象引起的市场结果被视为社会资源的耗费或市场效率的损失。

利率作为货币资金的使用价格，发挥着调节资金市场供求均衡的功能，按照价高者得的竞争准则，货币资金的使用权最终落到了出价最高的使用者手中，被认为是符合效率原则的。但是，由于金融市场无可避免的信息不对称，道德风险与逆向选择的普遍存在妨碍着利率作为货币价格手段调节货币资金市场均衡的功能，资金出借者考虑的就不能仅仅是利率水平的高低，而是追求资金收益与风险水平的最优组合。因此，在商业银行风险水平存在差异而且可识别的环境下，资金出借者或储蓄者除了要求高利率之外，还要求商业银行的风险水平较低或信用水平较高，储蓄者按照自己的风险偏好选择所储蓄的商业银行。而在商业银行风险水平相同或相近的环境下，储蓄者只能按照其风险偏好在无风险资产和风险资产之间进行组合，即在不同风险水平的金融产品间进行资产组合，银行也就失去了运用价格（利率）手段进行竞争的有效途径。

在我们这样一个以国家信用作为支撑或隐性担保的金融体系内，银行储蓄存款基本上可视为无风险金融资产，甚至于与国家债券具有相同的信用水平。在金融产品极度匮乏的前提下，银行存款作为储蓄者的无奈选择，银行体系基本上无竞争对手。但是，随着平行理财市场的快速发展尤其是外资金融机构的进入，金融产品日益丰富，银行存款"一统天下"的局面已不复存在。在存在价格管制的前提下，中资银行维护市场份额或防止客户流失的主要手段也只能是突破利率管制，开发具有市场竞争力的金融产品。因此，银行理财市场的发展是在管制利率下追求利润最大化的商业银行的理性选择，是存款利率管制的直接结果。某种程度上讲，如果没有政府的利率管制，中国的银行理财产品可能就不会出现，最起码不会这么快和这么大规模地出现。

（三）商业银行风险管理和经营模式转型的趋势推动

在分业经营模式下，传统的银行存贷款经营模式具有天生的脆弱性，银行经营的是一种高风险性业务。理论上讲，8%以上的资产损失就足以使一家银行破产，历次的金融危机中，首当其冲的就是商业银行。因此，商业银行风险管理的手段就是设法将其承担的风险通过某种制度安排分散给众多的投资者。今天我们见到的银行理财产品收益水平高于同期储蓄存款利率，表面上看商业银行降低了收益水平，实际上商业银行是把风险资产通过理财产品出售给了众多的投资者，降低了自身的风险水平，理财产品的购买者通过承担风险而获取了高收益。从社会的角度看，有降低整个金融市场风险的倾向。

从世界各国金融业发展的历史考察，发达国家商业银行的中间业务收入占其总收入的比重逐年提高。数据显示，截至 2009 年年末，我国上市的 14 家银行收入中的 70%～90%仍来自传统利差收入，非利息收入只占 20%左右。而在国外，银行的利息收入最多只占到全部收入来源的 50%左右，其他收入则来自银行的中间业务。这表明商业银行从传统存贷款业务为主向财富管理型业务为主的经营转型已是国际趋势。

二、银行理财产品市场发展的历史考察与展望

（一）萌芽阶段

20 世纪末，我国部分商业银行开始尝试向客户提供专业化的投资顾问和个人外汇理财服务，但还没有真正涉足银行理财产品。2000 年 9 月，中国人民银行颁布《关于改革外币存贷款利率管理体制的通知》，放开了外币贷款利率以及 300 万美元以上外币存款利率。这一举措在推进外币利率市场化进程的同时，也为境内商业银行推出更加丰富的外币业务提供了一定的政策支持。其后数年间，以广发银行、民生银行、招商银行为代表的股份制商业银行相继推出了大量的外币理财产品，但并没有形成较大的市场规模。

（二）起步阶段

2004 年年底，光大银行推出了投资于银行间债券市场的"阳光理财 B 计划"，开了国内人民币理财产品的先河，拉开了我国人民币银行理财产品的发行序幕。其后的 2005 年，被称为"理财制度初始化"之年，银行理财产品发行数量为 2004 年的 5 倍，发行规模达到 2 000 亿元人民币。随着《商业银行个人理财业务管理暂行办法》和《商业银行个人理财业务风险管理指引》的颁布，银行理财市场的相关制度逐渐形成，我国银行理财市场进入高速发展时期。这个时段的银行理财产品主要以外币理财产品为主，其主要形式为外币结构性存款，主要是为了规避对外币存款的利率管制，而人民币理财产品相对较少。

（三）快速发展阶段

2006—2009 年期间，银行理财市场的产品发行数量再翻 5 番，发行规模增长 22.75 倍，达到了 4.75 万亿元。这一阶段的增长主要得益于银行理财产品新品种的不断推出，"打新股"、QDII、结构性理财产品等的发行将中国人理财投资的热情不断推高。

2010 年，理财产品发行量突破万亿元大关，发行数量达到 7.05 万亿元。2011 年理财产品发行数量呈现爆发式增长，前 7 个月的发行数量就已超过 2010 年全年，截至 11 月底的发行规模已逼近 16 万亿元。究其原因，宏观经济环境的变化是这一阶段理财市场扩容的主因：2010 年，CPI 增长率从年初的 1.5% 直逼年末的 5.1%；2011 年 CPI 上涨势头依旧不改，严峻的通货膨胀形势直接逼迫货币政策转向稳健的通道，在这一政策环境下，一方面银行信贷资金出现前所未有的紧张，直接导致其通过理财产品的发售来缓解资金压力；另一方面，面对日趋严峻的通货膨胀形势，投资者通过理财产品寻求资产保值的需求也日益旺盛。两方面的市场因素共同引发了 2010—2011 年银行理财市场的繁荣景象。这个阶段银行理财产品市场出现了以下两个趋势：

（1）银行理财产品本币化，以外币理财产品为主的市场格局逐渐被以人民币理财产品为主的市场格局取代。由于外币的大额存款利率已经实现了市场化，各商业银行可以自主决定，商业银行通过理财产品吸引外币存款动机减弱，而通过发行理财产品吸引本币存款的动机增强，以理财产品的方式实现本币存款利率的市场化。

（2）银行理财产品收益固定化。2008 年开始的全球金融危机，让前期发行的投资于较高风险境外资产的代客理财产品发生巨亏，投资者开始"用脚投票"，前期发行此类产品较多的外资银行面临着巨大的声誉危机。在这种背景下，银行理财产品的风险收益属性趋于稳健：投资于股票市场的理财产品采取结构化设计，更多银行理财产品投资于银行的增量贷款或信贷资产，而银行对这些基础资产的风险控制，比照其自营贷款进行管理，风险相对较小。

（四）稳定发展阶段

2010 年，中国银监会开始对银行理财产品投资运作进行一系列规范，银行理财产品开始进入稳定发展阶段，演变为中国主流的理财市场。这主要表现在以下几个方面：

（1）理财产品发行机构增多。理财产品发行初期，发行银行理财产品的银行主要是国有控股商业银行和股份制商业银行，但目前银行理财产品的发行机构不仅涵盖了所有的国有控股商业银行、股份制商业银行和大型区域性商业银行，而且还涵盖了为数众多的城市商业银行、农村商业银行乃至农村信用社，并且越来越多的中小型商业银行表现出发行银行理财产品的意愿。

（2）理财产品规模维持较快增长。从规模上看，2009 年年底银行理财产品募集资金余额仅为 1.70 万亿元，2012 年年底余额为 7.10 万亿元，2013 年年底余额突破 10.20 亿元。虽然自 2006 年以来，银行理财产品增长较快，但一直没有遇到"拐点"，增长势头依然强劲，表明银行理财产品增长或成常态。见图 5.4。

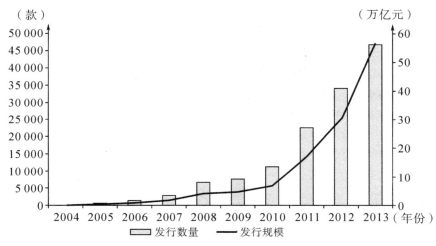

图 5.4　近年来银行理财市场状况图

[资料来源] 普益财富金融数据终端（www.pywm.com.cn）．

（3）监管行为常态化，监管思路固定化。2010 年以来，所有的金融监管思路都指向了两点：一是信贷资产通过理财业务变相移出银行的资产负债表；二是银行理财业务的独立性问题。监管政策出台较为密集，但比较有序，证明监管部门对银行理财产品市场的监管思路已经成熟。

（五）银行理财市场发展趋势展望

1．目标客户快速增长，银行理财产品需求旺盛

（1）居民收入水平提高，保值增值需求强烈。随着改革开放的程度不断加深，我国经济持续快速增长，从 2004 年至 2012 年，我国经济（GDP）大部分年份里保持着 10% 以上的高速增长，即使是在受金融危机影响最严重的 2009 年，全年 GDP 也保持了 9.20% 的增速。据国家统计局发布的 2012 年国民经济运行报告，2012 年国内生产总值（GDP）519 322 亿元，按可比价格计算，比 2011 年增长 7.8%；按照年末汇率计算，GDP 约合 8.26 万亿美元，人

均 GDP 为 6 100 美元左右，达到了中等收入国家水平。随着经济的持续、快速发展，我国居民财富增长迅猛，城乡居民收入有了大幅度的提高，居民个人和机构持有的以银行存款为主的金融资产快速增长。据中国人民银行发布的金融统计数据，截至 2012 年 4 月底，我国城乡居民储蓄存款余额达 37.89 万亿元，较 2004 年年末的 11.95 万亿元增长 217.07%。城镇居民的人均可支配收入，也从 2000 年的 6 280 元增至 2011 年年末的 21 810 元，年均增长率达 11.61%。

面对手中不断增加的"闲钱"，个人资产管理正在被越来越多的人重视。近年来，国内金融市场的蓬勃发展使居民投资渠道日益增多，股票、债券、保险、开放式基金、信托等金融投资产品不断涌现；同时由于持续的低利率和较高的通货膨胀水平，我国银行存款实际利率为负，居民资产保值增值的意愿日渐强烈。因此，收益率明显高于同期储蓄存款利率的银行理财产品越来越受到个人投资者的青睐。截至 2011 年年末，银行、信托、基金、券商集合理财产品等金融理财产品的发行规模达 18.06 万亿元，较 2006 年的 0.84 万亿元增长 21.42 倍。另有统计资料显示，2012 年，针对个人发行的银行理财产品数量达 28 239 款，较 2011 年上涨 25.84%，而发行规模更是达到 24.71 万亿元人民币，较 2011 年增长 45.44%，银行理财产品市场的火爆程度由此可见一斑，已经成为中国普通百姓金融资产选择的主流产品。

（2）权益类投资收益波动，银行理财产品成为家庭金融资产配置的首选。在股市低迷、楼市投资价值不确定和外汇市场无序波动的背景下，银行理财产品成为中国普通投资者尤其是风险厌恶者的理性选择。银行理财产品因其可以通过不同的交易渠道、不同的交易机制投资于不同的资产，能够在更广大的范围内为客户做资产配置，使得银行理财产品在很大程度上能够战胜基金，战胜其他类型的理财产品，获得一个更好的超额回报。

银行理财产品投资的超额收益或者相对于无风险利率的超额收益，主要来源于管制套利、风险收益和资产配置能力。管制套利不同于监管套利。管制套利是指当金融要素流动和价格变动存在人为管制时，例如，个人投资者无法直接进入贷款市场和银行间债券市场，也不能购买票据和同业存款时，通过银行理财产品的介入，借助它的"管涌"作用，银行帮助普通居民打通了储蓄资金和上述市场的通道。只要这些市场的收益率和存款利率存在一个利差，那么银行理财产品就可以为投资者带来收益的提升，进而降低融资者的资金成本。

此外，对于银行理财产品而言，收益还来源于银行的资产管理能力。银行内部有专门的投资团队，他们对市场研究得更透彻，对信息掌握得更全面和及时，对资产配置时点的把握也更精准。因此，银行理财产品更好地实现了投资者的投资目标，在直接投资效果不佳的市场环境中，银行理财产品便成为普通居民的首选。

（3）社会保障制度不完善，自保方式被重视。在我国，"社会保障"这一概念提出得比较晚。1992年，我国开始探索建立健全与市场经济相适应的社会保障体系，相继建立起医疗保险、养老保险、失业保险和工伤保险等制度。在社会保险制度中，最受关注的是养老保险和医疗保险，而目前这两项关键的社会保险制度尚存在着诸多亟待解决的问题。因此，居民通过预先提留一定的资金作为对可能发生的损失进行补偿的后备基金就显得尤为重要，而购买银行理财产品日渐成为普通居民投资并进行自保的最优选择之一。

面对市场中广泛的自保需求，商业银行逐步将触角伸向"养老保险"市场，在银行理财产品中融入养老的理念。这类产品或只针对老年客户发售，或是将养老金长期投资的理念融入产品设计之中，面向社会大众发售，为普通居民进行养老规划提供了全新的渠道，使得他们的养老金配置管理进一步多样化、灵活化。对银行而言，推出养老专属理财产品，一是可以扩大目标客户群体，将有养老需求的人群作为潜在客户来开发；二是可以更好地服务于现有客户，"养老"不再只是依靠保险这一渠道，通过银行理财产品同样能够实现这个目标。如2008年6月，上海银行推出了我国首款养老型理财产品："'慧财'人民币养老无忧"理财产品；2012年4月8日，招商银行针对高端客户发售了"岁月流金"之"金颐养老1号"理财计划；华夏银行于2012年6月推出的"华夏理财增盈增强型1188号理财产品（老年客户专属产品）"，将"养老"的概念注入银行理财产品之中，受到了普通投资者的青睐，拓宽了居民自保的渠道。

2. 在利率市场化进程中，商业银行业务转型趋势明显

（1）利率市场化，促存贷业务向中间业务转变。整体上看，近年来商业银行传统业务带来的利息净收入占比正在逐步下降，非利息收入则有上升趋势，不耗费经济资本的中间业务成为各家商业银行转型及发展的方向。银行从理财业务中获取的中间收入主要包括：理财产品的托管、销售、投资管理等手续费收入，这些收入在利润表内确认在手续费及佣金收入之下，属于商业银行的表外业务收入。

为了便于分析，我们选择了5家手续费及佣金净收入占营业收入比重较高的银行作为标杆银行，它们分别为中国工商银行、中国银行、民生银行、招商银行和光大银行。见表5.4。

表 5.4　　　　　　　　　　　　2011 年标杆银行业务收入分布结构

银行名称	手续费及佣金净收入	
	规模（亿元）	占营业收入之比（%）
中国工商银行	1 015.5	21.37
中国银行	646.62	19.70
民生银行	151.01	18.33
招商银行	156.28	16.25
光大银行	69.73	15.14

［资料来源］各商业银行年度报告、普益财富金融数据终端（www.pywm.com.cn）。

　　这 5 家银行既是国内较大的商业银行，又是理财业务发展较快的先驱银行，它们的发展路径基本代表了未来中国银行业的发展方向。即是说，随着利率市场化的推进，中国商业银行正在逐渐由传统的存贷款业务向中间业务转变，理财业务作为新兴的中间业务，正在成为中国利率市场化的先锋，存在着巨大的发展空间。

　　（2）利率市场化，促理财产品收益被动提高。利率市场化初期，随着存款利率浮动上限的逐步放开，各商业银行之间吸储的竞争压力增大。为了稳定已有客户，吸引新客户，它们通过向投资者让渡较多收益来争取市场份额，这一行为被动意味较多，但这是目前包括城市商业银行在内的中小银行开展理财业务的优势所在，在给理财产品购买者带来较高收益的同时，也为中小商业银行保护存贷款传统业务起到了不可替代的作用。

　　以中小银行为代表的城市商业银行，为了拓宽中间业务收入渠道，赢得市场认可，前期运用以价换量的方式占据本地市场份额，充分利用地缘优势拓展理财业务，获得充足的理财资金支持，进而才能拥有创新的基础，也才可能形成资金规模优势，提高理财业务的整体运作效率。可以说，提高理财产品收益是中小银行在理财市场竞争中获取市场份额的必由之路。

　　在这样的市场环境中，普通投资者对理财产品的收益要求也随之提高。在市场利率水平较高时，银行理财产品投向的资产如同业拆借和国债等债券和货币市场工具收益水平也会较高，投资者将能如愿获得较高的收益。但当市场利率水平下降，银行理财产品的标的资产收益率也随之下降时，投资者对理财产品收益率的期望值仍保持在较高的水平。在这种情况下，银行将不得不面临转移自身内部收益和流失客户资源的两难选择。

　　（3）利率市场化，促财富管理理念不断深化。随着利率市场化的逐步推进，存款利率开始上浮，出于维护客户的目的，银行发行的理财产品收益率随之提高。在持续的竞争环境中，银行开始面临两难困境：为了保护传统存贷款业务，增加中间业务收入，各商业银行可能不得不面临居高不下的投资者期望收益；为了兑付给投资者较高收益，银行不得不让渡自身利益，这势必会造成银行利润空间收窄。随着理财资金规模的扩大，在出现经济下行和市场风险加大的情况下，理财市场也将面临无法避免的风险。

长远来看，随着金融脱媒的日益深化，商业银行已经意识到单纯以存贷款为主的传统经营体制和模式难以为继。同时，客户对商业银行金融服务的需求也日益多样化和个性化，从理财业务单一的财富保值增值需求逐步延伸至金融咨询、现金管理、财务规划、税收筹划、保险策划、风险评估、风险管理等多样化的个性金融服务。这种多样化的金融服务，是目前商业银行单一理财业务无法满足和提供的。

中国商业银行通过十年的理财业务实践，积累了丰富的资产管理业务经验，投资资产范围已经远非最初简单的结构性存款可比拟。多渠道投资的拓展以及产品结构、形态的创新，为商业银行资产管理业务培育了大量专业人才，特别是风险控制管理的专业人才。一些大型银行开始建立独立一级部门的资产管理部，统筹全行理财业务的开发、设计和管理，资产管理部内也建立了多种资产的专业投资团队和职责分工明确的管理团队，设计和开发了一些具有一定市场影响力和竞争力的理财产品。以往商业银行很少涉足的另类投资，也逐步进入商业银行理财投资的范围，如艺术品、消费品等。从管理架构上看，商业银行开展独立资产管理业务的条件已经具备。

在投资端，商业银行逐渐具备开展独立资产管理业务的条件；在客户端，商业银行才真正具备开展财富管理业务的基础。商业银行为了实现单一理财向财富管理的转型，除了要加强自身的投资管理能力外，更重要的一点就是要注重对投资者进行风险教育。只有通过风险教育，让投资者理解和明白风险与收益相匹配的原则，而不是单一追求高收益，投资者才能理解自身必须承担的风险。只有投资者认识和理解了风险，商业银行才能根据投资者的风险偏好，有针对性地进行客户细化，提供风险程度不同的多样化金融产品。

3. 在人民币国际化进程中，银行理财产品市场将发生深刻变化

（1）在人民币国际化背景下，人民币理财产品的市场需求将逐步扩大。人民币国际化，主要包括三个方面的含义：第一，人民币现金在境外具有一定的流通性；第二，以人民币计价的金融产品成为国际各主要金融机构包括中央银行的投资工具；第三，国际贸易中以人民币结算的交易达到一定的比例。这

是衡量一国货币国际化程度的通用标准，其中第二点和第三点对于人民币的国际化而言显得尤为重要，同时对金融产品提供机构而言也将是难得的契机。首先，作为国外金融机构和中央银行投资工具的人民币金融产品一般是收益相对稳定的固定收益类投资品，此类型金融产品的风险收益特征与银行理财产品大致相当，其最终的投向大体类似。因此，低风险类人民币理财产品的竞争将会加大，不仅要与国内银行争夺项目和交易对手，还要和境外金融机构争夺此类资源。其次，随着国际贸易中以人民币进行结算的交易越来越多，对于货币形式的人民币的需求也将增加。同时，出于套期保值需要的人民币远期合同、人民币期货等衍生工具的需求也将随之增加。对于商业银行而言，必须充分认识到人民币国际化对金融市场供给与需求带来的影响，并因时而动、因需而动，通过对现有理财业务的创新来满足新增的理财业务需求。

（2）人民币汇率双向浮动，外币理财产品将受冲击。随着人民币的国际化，中国也将迎来人民币汇率的双向浮动时代，它同样也是人民币国际化的另一个重要标志。双向浮动意味着人民币汇率的波动将不再出现一边倒的单向变动，而会呈现双向波动的趋势，这样不仅将给人民币的套期保值产品提供有力的市场支持，还会对现有的理财和投资理念形成强烈的冲击。首先，从 2007 年首只人民币债券登陆香港特区开始，投资界便存在一种普遍的观点：以购买力平价及其他指标衡量，人民币兑美元汇率是被大幅低估的。因此，投资者购买人民币或人民币交易的金融产品都能让他们从人民币升值的必然趋势中获得赚钱的机会。在这样的投资理念支配下，外币理财产品对手中持有人民币的投资者并不具备很大的吸引力。对于银行而言，在单向的汇率变化中对汇率风险进行控制较容易，但是在双向汇率波动中，以外币作为主要投资币种的银行理财产品将面临着新增的汇率风险，银行所筹集的外币理财资金的套期保值也更难。其次，投资 QDII 产品遭受汇兑损失的可能性降低，这会进一步提升高端客户的境外投资需求。最后，人民币双向波动会给有海外资金往来的投资者带来新的外汇风险。为了规避这类风险，挂钩汇率的结构性存款将会引起这类客户的重视——不是看重结构性存款的收益，而是看重其类似于期权的避险功能。

（3）在人民币自由兑换背景下，银行理财产品市场竞争将趋激烈。随着中国经常账户顺差占比明显下降和人民币汇率改革渐渐推进，人民币的自由兑换趋势将愈来愈快，而包括投资资金在内的各种资金在全球范围内的流动也将更加频繁。根据一般均衡理论，各类投资资金在信息对称的前提下，必然能够找到令其风险—收益组合达到最优的投资方式（也就是资本市场曲线的边缘部分）。商业银行的理财业务，首先将面临来自全球范围的更多金融投资品的竞争（这些投资品甚至可能以人民币计价）。此前银行理财产品由于分业经营和监管、人为设置壁垒等因素形成的市场竞争优势将荡然无存。商业银行只有通过自身市场研究能力和产品开发能力的提高来提升其理财产品的竞争力。其次，对于外资银行而言，其目前所从事的代客境外理财业务必将受到较大的冲击。外资银行代客境外理财业务是在目前我国投资者尚无法直接投资于境外金融资产的政策限制下应运而生的，外资银行也充分利用了自身对国际金融市场的熟悉和丰富的交易对手资源来开发 QDII 产品。但是，随着资本流动的自由度加快，越来越多的海外金融产品将通过各种中介机构来到中国，供投资者挑选。因此，外资银行只能依靠对市场敏锐的洞察能力和多年经营中间业务所积累的丰富经验来应对这一变化。

4. 银行理财产品基金化趋势下，商业银行财富管理能力有待考察

随着客户对商业银行金融服务需求的日益多样化和个性化，商业银行理财业务不可能一直以满足客户单一投资收益为目的。因此，在经过多年的发展后，商业银行已经意识到必须改变目前单一理财业务的经营模式，实现向资产管理业务转型。在商业银行开展理财业务初期，主要目标就是防止客户流失，因此，维护和稳定客户的要求重于单一中间业务收入的要求。商业银行在巩固客户基础的内在动机驱动下，往往将理财产品设计成与客户共担风险的模式，而不是将风险向客户转移。与之相应，投资者获得的收益也并不完全与自身承担的风险相匹配。在资产池的运作模式下，银行并没有将理财产品的投资收益或损失完全交由客户享有或承担，未达预期收益的部分可能由银行内部其他收益弥补，同时超过预期收益的部分归银行所有。资产管理的盈利模式是客户承担风险，投资管理人只收取管理费或顾问费，而对于投资者收益，则是按照净值或者估值来足额分配。因此，在资产管理被提上日程的同时，按净值分配收益的理财产品成为国内主流商业银行一致认同的理财市场发展方向。理财产品朝着开放式、基金化的方向发展，也越来越被业内人士认可。

银行理财产品朝着基金化方向发展，有四个方面的优势：

（1）产品基金化运作后，投资者可以按照净值或者估值来获得收益。对于投资者来说，虽然自身承担了风险，但是净值式的收益分配方式更加透明，有利于投资者及时了解产品运行情况，便于在同类产品中做出比较和选择。对于商业银行而言，银行理财产品的运作模式发生了根本转变，之前的理财产品业务实际上是按资产负债业务管理的。理财产品有预期收益率，有投资成本，需要计提银行拨备、计提风险资本，特别是当标的资产无法取得公允价值的时

候，就很难在不同的投资者之间做出公平的利益分配。理财产品基金化运作后，资产池或组合产品向净值产品转变，同时根据公允价格取得有效性来决定开放期。按照资产管理的投融资方式去管理，商业银行彻底摆脱了因刚性兑付理财产品预期收益所隐藏的风险，理财产品的收益核算和分配也更为简便和快捷。

（2）产品基金化运作后，银行理财产品可以由客户根据自身现金流的需求状况，在工作日申购或赎回，自主决定投资期限。目前，在银行理财产品形态上，已经开始出现了开放式、周期型、封闭式甚至开放式无固定期限的理财产品，投资者可以更加方便地赎回资金，灵活安排自己的流动性需求。基金化、开放式的银行理财产品大多以固定收益产品为投资对象，包括国债、金融债、中央银行票据、企业（公司）债、短期融资券、中期票据、同业存款、同业拆借、银行承兑汇票、回购等。这种理财产品的基金化运作，为普通投资者提供了高流动性和高安全性的投资渠道，同时不占用银行风险资本，无需计提银行拨备，可以说实现了理财客户和银行的共赢。此外，银行理财产品可以依托银行清算制度体系提供实时赎回，这是券商、基金没法做到的——或者它们需要支付很高的对价才可能实现，而银行在这方面天然具备实时功能，这会使银行的开放式理财产品比基金公司的基金产品更具市场竞争力。

（3）产品基金化运作后，将减少银行理财产品的相关监管和管理成本。目前，有些银行理财资金的运作模式是资产池模式，即多个理财产品对应多项资产，单个产品的风险和成本无法估算。这样就保护不了投资者利益，万一某项资产出了风险，银行无法让某个或某些客户去承担责任，最终可能还是由银行自己来承受。也就是说，银行理财产品资产池的运作模式，让银行自身无法转移风险，继而可能放大整个银行系统的风险。而开放式银行理财产品，通常是一个理财产品对应一个资产组合。因此，无论是对监管层的监管，还是对银行自身的经营管理，都将变得更加容易。

（4）银行理财产品的产品线条及产品模式已经基本定型。如果比较其他理财产品，可以发现，从销售渠道上看，基金产品、信托产品、银行理财产品主要通过银行代销，而且基金产品的销售渠道比银行理财产品更多元。我们认为，造成几类产品差别的不是销售渠道问题，而是产品自身的投资风格问题——证券投资基金采用开放式、净值化的思路投资于风险相对较高领域，投资者可能面临投资风险，而投资的实际情况则表明，证券投资基金尤其是激进的股票型投资基金，会给投资者带来实际亏损。而银行理财产品和信托产品，则多采用预期收益率的模式，由商业银行和信托公司对产品进行隐性背书，降低产品端风险。产品的风险收益属性的差别导致了产品规模的迥异，也证明了中国投资者真实的需求在低风险资产市场，而不在高风险资产市场。投资于低风险资产这个特性不会出现大的变化，银行理财市场的目标客户将在很长一段时间内是低风险偏好客户。

三、商业银行理财与金融市场效率分析①

目前看来，针对银行理财产品的讨论看似热闹非凡，但对现象的描述居多，理论性的思考似乎有些不足。我们的问题是，银行全面开展理财业务对中国金融市场的效率影响如何？从改进金融市场效率的角度看，银行理财是否存在市场边界？等等。本部分尝试在一个基础性的分析框架内，给出一些符合经济理论的解释。

（一）银行理财影响金融市场效率的经济分析

1. 利率管制下的中国金融市场均衡

传统的金融理论认为，在利率上限的约束下，如果利率上限高于金融市场的均衡利率，利率上限对金融市场没有影响；但如果利率上限低于金融市场的均衡利率，则会产生金融产品需求大于供给的所谓"短缺现象"，普遍存在的信贷配给现象导致了诸如排队、拉关系等社会资源的浪费，市场规模的缩小损失了金融市场配置资源的效率。

在利率上限为约束条件的前提下，中国金融市场效率的改进途径就只有降低金融市场的均衡利率，当市场的均衡利率水平与利率上限重合或低于利率上限时，市场规模扩大，短缺现象消失，此时的金融市场回到了有效率的状态。而促成均衡利率水平下降的途径有二：

（1）在供给一定条件下，需求减少使得需求曲线向左移动，均衡利率水平下降的同时，金融市场的规模缩小，不符合效率的原则；

（2）在需求一定的条件下，金融市场的供给增加使得供给曲线向右移动，移动的结果是利率水平的下降与市场规模的扩大，符合效率的原则。

在中国目前的约束条件下，利率上限和资产负债管理的约束以及逐渐兴起的多元化的金融资产市场中竞争的约束使得银行存款难以满足银行资产扩张的需求。事实上，近年来规模递增的银行理财产品一定程度上推动了实质贷款利率水平的下降，或者说一定程度上缓解了贷款利率水平上涨，促进了金融市场的效率。

---

① 孙从海. 商业银行理财与金融市场效率研究 [J]. 西南金融，2008 (6).

2. 固定收益银行理财产品与存款收益差的持续存在符合效率原则

理论上讲，在一个有效的金融市场上，不存在任何无风险套利的机会，明显的机会可能就是陷阱，无数自利的市场参与者持续的套利行为使得套利的机会瞬间即逝，任何超过市场平均利润水平的收益都是对其承担风险的补偿。就是说，风险水平相同的金融资产，其收益水平也应该是相同的。

考察一下中国目前固定收益的银行理财产品与银行存款之间持续存在的收益差现象，我们也许能够找到一些符合逻辑的解释和颇具意义的推论。

（1）中国金融市场的均衡利率水平应该等于银行保本固定收益型理财产品的收益水平。否则的话，就很难解释银行为何会不遗余力地开展理财业务，毕竟与存款业务相比，开展本不熟悉的理财业务增加了银行的成本，在其他条件相同时，降低了银行的利润水平，不符合理性人的假说。银行愿意接受高成本的资金一定还有其他方面的原因，中间业务规模的扩张也许还有规避监管和提升企业价值等方面的考虑。

（2）竞争性金融产品市场的存在是银行开展理财业务的根本原因。随着中国金融业的改革和开放，金融产品市场正在发生着根本性的变化，除了外资金融机构进入中国金融市场的业务模式创新之外，境内中资金融机构的金融产品创新也层出不穷，而且规模逐步扩张，如基金、信托计划、券商理财产品、投资连接险，等等。在如此的竞争格局下，资金持有者的选择范围扩大，在存款利率管制的前提下，居民资产组合中银行存款的优势逐渐丧失，套利的行为终将引起银行存款的流失。假如银行不开展理财业务的话，银行资产的规模不仅难以扩张，说不定还会萎缩，这是银行不愿意面对的。

（3）银行开展理财业务得益于中国贷款市场的需求价格弹性增大。从银行的角度看，银行用发行理财产品尤其是贷款类银行理财产品筹集到的资金购买金融资产，相较于存款资金而言，成本增加或者说利差缩小。在规模一定的情况下，利差缩小则意味着利润减少，果真如此的话，银行开展理财业务的行为就无法找到经济学意义上的解释。符合经济逻辑的解释只能是银行开展理财业务引起的规模扩张带来的额外收益一定能抵补因利差缩小导致的收益损失，而且还有多余。假如银行不开展理财业务，资金供给的减少必会引起贷款利率的上升（显性或隐性的），在贷款需求缺乏价格弹性的条件下，利率的上升并不会引起贷款需求的急剧下降，银行完全不必劳神费力地开展理财业务。但在贷款富有需求价格弹性的条件下，利率的些许上升就会引起贷款需求的急剧下降，这对银行来说是一个坏消息。事实上，中国目前资金需求者中的民营企业比例的上升，加上国有企业的改革深化，贷款需求对利率的敏感度呈现出增大的趋势，贷款需求价格弹性的上升符合逻辑。

（4）银行开展理财业务有降低信贷市场均衡利率水平的倾向，提高了金融市场配置资源的效率。宏观上看，在交易费用（信息搜集费用、时间匹配成本和资金起点等）的约束下，在一个不能充分套利的金融市场里，银行存款利率与银行固定收益理财产品收益之间的收益差也许会始终存在，银行固定收益理财产品的高收益吸引着闲散资金的持有者，增大了整个金融市场的资金供给，有降低金融市场均衡利率和扩大市场规模的倾向。微观上看，银行资金运用与资金来源的利差缩小，减少了中国金融机构的"制度红利"，有助于激励多年来依赖于"制度红利"而生存的中资金融机构改进运作效率，培育中国整个金融业的国际竞争力。

（二）银行理财的市场边界思考

面对着迅速发展、问题逐渐显现的中国理财市场，无论是社会公众还是金融主管当局，似乎都缺乏足够的理解和心理准备，对于同一类事件的发生，人们的态度迥然有别。基金、信托、投资连接险等理财产品的低收益、零收益和负收益现象并没有引起人们的过多关注和质疑，对于此类事件，参与者尚能泰然处之。而偏偏当银行理财产品出现此类事件时，参与者的忍耐力似乎全无，公众质疑之余，管理层也表了态。2008年4月11日银监会发布《关于进一步规范商业银行个人理财业务有关问题的通知》，要求银行不得以发售理财产品名义变相代销境外基金或违反法律法规规定的其他境外投资理财产品。2008年4月15日又通报了部分商业银行理财产品存在的六大问题。可见问题并不一般，有识之士甚至开始担忧银行理财是否会重蹈当年银行办信托的覆辙。这些现象不能不引起我们的深思。笔者以为，银行参与理财市场切不可急功近利，初期应以开展固定收益理财产品为其市场边界，慎重对待非保本浮动收益型或结构性理财产品。

1. 银行参与非保本浮动收益理财产品或结构性理财产品市场，推高了整个金融市场的风险水平，增大了中国金融市场的系统性风险

银行出于追求利润的动机和迫于竞争的压力，在基础性的准备工作不完善的情况下迅速进入风险业务市场，有增大中国金融市场系统性风险的倾向。目前人们普遍质疑银行风险管理能力，银行多少应该小心一些。在中国目前的约束条件下，银行理财产品出现的所谓"收益门"事件是情理之中的事。①中国金融人才的匮乏使得多数涉及高风险的理财产品仅靠从国际投行手中购买，设计极其复杂的结构性理财产品不是普通市民顷刻之间能够明白的；②中国目前金融市场尚缺乏风险管理的工具，利用资产组合降低非系统性风险的意愿难

以实现；③对于风云变幻的国际金融市场我们目前还很陌生，期望着预测国际金融市场的价格走势来管理风险几乎是一厢情愿。

如此情形之下，规模不断扩张的、普通百姓本以为是无风险资产的理财产品，如果风险大面积出现的话，美国次级债事件也许就会重演。

2. 理财市场基础性制度缺失，约束着商业银行理财应当固守保本固定收益理财市场

金融理论认为，风险只能让能够承担风险的人来承担。那是说，风险与收益是对称的，要想获得超额的收益就要承担更大的风险。如果一个市场让没有风险承担能力的人承担了风险，当风险变成现实损失的时候，面临灭顶之灾的市场参与者说不定会给社会造成损失。这样看，信托计划和券商定向理财的所谓合格投资人的有关规定是有理论依据的。近年来得益于中国改革开放，刚刚"脱贫致富"的银行理财市场的参与者，潜意识地认为银行理财产品的本金和收益都是有保障的，甚至于不知风险为何物。对此，银行应该多一点风险甄别和风险管理的社会责任感。

一般认为，完善的理财市场基础制度至少应该包括以下几个方面：

（1）完善的信息披露制度。既然是受人之托、代人理财，管理人最起码的责任应该是及时、准确地告诉投资人受托资金的运用和收益情况，以便投资人做出决策。目前看来，银行理财市场的信息披露情况并不是那么令人满意，理财资金运用管理信息不透明以及理财收益分配或者管理费用收取信息不透明的现象大量存在。

（2）第三方理财中介机构的大量存在。理论上讲，自利的市场参与者都有隐瞒对自己不利信息的动机，期望着作为理财产品提供商之一的商业银行准确无误地揭示其产品风险，不符合自利的假说，模糊性的、误导性的承诺语言（如预期收益率等）正是目前导致投资者对银行不当推销理财产品的质疑之一。因此，受市场约束的第三方理财中介机构的发展对于消除信息不对称或者说降低信息费用，促进中国理财市场健康发展，起着不可替代的作用。

（3）完善的理财产品监管制度。金融监管作为一种外部的约束，以法律和法规的形式，用影响被监管者成本与收益的手段，并以此改变被监管者的行为，达到消除市场失灵的目的。目前看来，对于刚刚兴起中国理财市场，需要在总结经验的基础上，尽快颁布有关银行理财的法规或指导性意见，以规范银行理财业务，避免银行过度参与高风险的理财业务给中国金融业带来风险。

第四节　独立第三方理财市场①

一、中国独立第三方理财市场现状考察与分析

所谓独立第三方理财服务机构，是指独立于商业银行、保险公司、证券公司和信托公司等金融机构之外，能独立为家庭或企业提供综合性的理财规划服务的中介机构。与传统模式下的金融理财服务机构相比，独立第三方理财机构目前在国内提供的服务大致有四种模式：专业理财规划建议与咨询服务、会员制理财服务、金融资产配置服务、委托理财服务。独立第三方理财服务不仅仅局限在为投资者提供某个特定的金融理财市场、特定金融机构以及特定金融理财产品上的服务，而是根据理财需求者或投资者的风险偏好、资产状况以及理财目标等，为他们量身定制综合性的理财规划方案，如现金规划、消费支出规划、教育规划、养老计划、税收筹划、财产分配规划等服务。

近年来，伴随着我国经济的高速增长，通货膨胀率居高不下而且有进一步上升的趋势。在银行储蓄存款利率管制的条件下，中国家庭储蓄存款和现金资产进入了一个负利率的时代。在追求风险与收益最优组合的家庭中，金融资产组合调整或金融资产替代的趋势已经开始显现，这也正是近年来银行、信托等金融理财市场兴起与快速发展的微观经济基础。面对着一个快速发展的、风险与收益各异的理财市场、金融机构和理财产品，普通的中国家庭尚不具备金融资产配置的能力，或者说金融资产组合调整的交易费用太高，由此衍生出了对独立第三方理财服务的市场需求。

二、中国独立第三方理财市场的主要特点

（一）金融资产高净值人群大幅增长

据招商银行和贝恩管理顾问公司联合发布的《2011 中国私人财富报告》，2010 年中国个人可投资资产达到 62 万亿元人民币，比 2009 年增长 19%。2010年，中国的高净值人群达到了约 50 万人的规模，比 2009 年增加 22%；高净值人群持有的个人可投资资产规模达到 15 万亿元人民币。

综合各项宏观因素对中国私人财富市场的影响，该报告预测，2011 年中国私人财富市场仍将保持增长势头，全国个人可投资资产总规模将达到 72 万

---

① 孙从海. 中国独立第三方理财服务市场发展研究 [J]. 金融理论与实践，2011 (11).

亿元人民币，同比增长16%；中国高净值人群将达到59万人，同比增长16%；高净值人群持有的个人可投资资产规模将达到18万亿元人民币，同比增长18%。中国高净值人群的快速增长，为独立第三方理财服务市场的发展奠定了坚实的市场基础。

（二）金融资产组合的需求日益明显

在过去5年中国财富管理市场的快速发展中，独立第三方理财机构与金融机构合作推出了各具特色的理财产品，出现了某些理财产品混业化经营的趋势。如，诺亚财富与PE机构、好买基金网与阳光私募机构合作发行理财产品等。但是，在中国主流金融机构分业经营、分业监管模式下，此类理财产品混业经营模式依然处在市场发展的初期，尚不能完全满足独立第三方理财服务机构为投资者进行金融资产组合调整的需求。

（三）私人财富管理出现个性化趋势

历史上看，2008年之前，中国理财市场基本上属于金融理财产品供给引导型的市场结构，各类理财产品均处于供不应求的时期。2008年全球金融危机爆发之后，随着金融机构理财产品的大规模发行，中国的理财产品日益丰富，投资者对理财产品的选择偏好直接影响着各类理财市场发展的规模和速度，高净值人群大规模的金融资产组合（数万亿元人民币规模）调整深刻影响着金融资源配置的方向和效率，单一金融机构和单一理财产品再也无法满足投资者对金融资产选择的需求，高净值人群的需求引领市场发展的态势越来越明显，独立第三方理财服务已经进入了专业化、个性化服务的新时代。

三、中国独立第三方理财市场发展的制约因素

（一）独立第三方理财服务缺乏法律依据

目前中国金融业实行的是分业经营、分业监管模式，尽管各单一金融行业内都有相应的法律、法规指导理财服务业务开展，但在涉及跨市场的金融产品交易中，并没有明确的针对性法律、法规指引。这一方面造成对开展第三方理财业务的机构缺乏有效的监管和约束，容易产生道德风险；另一方面参与理财市场各方的利益也不能得到有效的法律保障，不利于调动独立第三方理财业务参与者的积极性和整个理财市场的规范发展。

（二）主流金融机构的强势地位压缩了独立第三方理财机构生存与发展的空间

目前看来，商业银行、证券公司、信托公司、保险公司等主流金融机构的金融市场主导地位短期内无法改变，独立第三方理财服务机构因起步较晚，相

对弱小，无论是从网络覆盖面（基本在北京、上海、深圳等少数经济发达城市）、客户基础，还是从品牌知名度上看，尤其是在中国目前的信用环境和主流文化背景下，独立第三方理财机构和有着政府信用隐性担保的主流金融机构相比，尚不具备同台公平竞争的条件，而依附于主流金融机构，起拾遗补缺作用，可能会是未来相当长一段时间内独立第三方理财服务机构面临的尴尬境地。

（三）复合型金融理财专业人才匮乏，可能是目前独立第三方理财服务机构面临的主要困难

金融理财业务的复杂性以及个性化特征，不仅要求理财师具有较强的金融理论专业知识、具有对国内外金融市场以及理财产品投资标的市场进行趋势性判断的能力，而且还要求能够根据投资者的风险偏好、资产状况、理财目标等因素，为投资者规划金融资产组合或进行金融资产组合调整。鉴于中国金融专业教育的历史与现状，以及长期金融分业经营环境下从业人员形成的思维惯性与从业经验，国内理财领域的多数所谓理财专家，充其量也仅具备单个领域的所谓投资经验，与复合型金融理财专业人才的要求还相距甚远。

四、中国独立第三方理财市场的发展路径选择

随着我国理财市场的逐步发展，市场细分也将更加明显，独立第三方理财服务机构只有打造出竞争对手难以模仿、无法超越的核心竞争力，才能使自身立于不败之地。这种核心竞争力主要来自于第三方理财服务机构强大的金融市场、金融产品研发能力以及广泛的市场销售网络。研究能力主要体现为对投资者需求的分析、对金融理财产品的研究以及对资本市场走势的研判；而销售网络则决定着第三方理财服务机构的生存与盈利能力。同时，完善相关政策、法律和人才环境等，为独立第三方理财服务机构的生存与发展创造必要条件。

（1）进一步完善独立第三方理财服务的政策环境。加快相关法律、法规等基础制度建设，保障理财市场参与者各方的合法权益，为独立第三方理财服务机构的生存与发展提供坚实的基础。

（2）完善信用制度。一方面推进信用制度的立法工作，建立专门的信用协调机构，建立统一开放的公共信用信息平台；另一方面积极培育信用中介机构，加强信用执法，协调部门间行动，实行对失信行为的联合惩治，解决失信成本过低问题，建立失信惩治机制。

（3）培养高素质理财人员。通过规范从业人员资格，设定从业人员准入门槛，提高独立第三方理财从业人员的专业能力，加强对第三方理财规划师的

职业道德教育，建立诚信体系，健全第三方理财规划师认证体系等，以提高独立第三方理财服务机构的社会公信力。

五、独立第三方理财市场发展的国际比较

（一）美国独立第三方理财市场的发展模式考察

据不完全统计，2009 年美国金融市场上销售的所有金融产品中，独立第三方理财机构的市场份额接近 60%（澳大利亚、中国香港地区分别为 50% 和 30%，中国内地不足 1%）。独立第三方理财服务机构在美国的兴起可以追溯到 20 世纪 70 年代，从发展的模式考察，主要有以下两种：

（1）金融机构内生的独立第三方理财服务机构。20 世纪 70 年代，一方面，美国通货膨胀高企、税收高、税制复杂、投资市场低迷，除了房地产，其他投资领域的回报率均难如人意；而另一方面，政府的养老金体系即社保体系也面临运营困难。面对市场的变化，很多金融机构首先在内部建立了个人理财业务部门，但由于各种原因，这些个人理财业务部门在大机构内部并不能健康生存下去。因此，众多商业银行在设立了个人理财业务部门一段时间之后，又相继将其作为非核心业务部门进行了裁撤。然而，市场对理财服务的需求依然存在，同时那些曾在金融机构个人理财部门工作的人员也积累了相当的专业知识、技能、经验和客户关系。在此情形下，许多前金融机构个人理财业务部门的高管们便另起炉灶，建立起美国第一批独立第三方理财服务机构。

（2）以保险经纪人为主外生的独立第三方理财服务机构。最初，这些保险经纪人在向客户推销证券、保险等金融产品时，附带提供一些理财顾问服务。久而久之，其中一些人积累了丰富的市场经验和客户资源，于是不再推销特定的金融理财产品，而是专门提供独立的理财顾问服务，成为了美国独立第三方理财服务的主流。目前为止，美国约有上万家独立第三方理财服务公司或事务所，满足着投资者日益多元化、专业化的理财服务需求。

（二）美国独立第三方理财市场监管模式考察

从监管角度来看，目前美国并没有专门针对独立第三方理财服务的相关法律、法规。但是，作为金融市场高度发达国家之一，美国对整个金融行业有着较为完善的法律、法规，这些法律、法规实际上构成了美国独立第三方理财服务机构开展业务的法律基础。

自 20 世纪 30 年代以来，包括次贷危机在内的历次席卷全球的金融危机的发源地基本上都在美国。而在每次危机之后，美国政府和国会都会相应地通过一系列相关的法规和法律，以保证金融市场的正常运行。以 2008 年次贷危机

为例，美国在危机发生后启动了"二战"后最大规模的金融体系改革。美国政府在其发布的《金融监管改革白皮书》中宣称，要保护消费者和投资者不受不当金融行为的损害。为了重建人们对金融市场的信心，需要对消费者金融服务和投资市场进行严格协调与监管。具体而言，就是强化针对消费者和投资者的金融产品及服务的监管，使这些产品和服务更加透明、公平、合理。同时，提高金融产品和服务提供商的行业标准，促进公平竞争。这些相关法律法规的出台，从源头上对金融产品的供给行为进行严格的规范，保证了独立第三方理财服务机构提供的金融理财产品具有安全性。

扩展阅读专栏四

中国财富管理市场现状与发展趋势

国泰君安研究所：林采宜　吴齐华　段丽媛

目前中国财富市场总值为 16.5 万亿美元，已位居全球第三，并以 25% 的年均复合增长率快速增长。目前中国财富人口已达 1 746 万人，商业银行和证券公司是其选择的主要财富管理机构，分别占到 60%、20% 的市场份额。资产管理业务已成为证券公司财富管理重要的突破口。

一、中国财富市场现状

1. 市场地位

中国财富市场按财富总值排名世界第三，按财富人口（>10 万美元）数量则是世界第七。得益于中国巨大的人口基数，中国市场财富总量已居于全球第三。但是从财富人口结构的角度衡量，与全球水平相比，财富人口比重过小。

中国人口占全球的 20%，而人均占有财富仅为世界平均水平的 40%；拥有 10 万美元以上的财富人口数为 1 731 万人，占成人总数的 1.80%，世界该指标为 9.85%；80.5 万的高净值成人人口（拥有 100 万美元以上），仅占到成人总数的 0.08%，世界该指标为 0.55%。

2. 区域格局

根据福布斯私人财富分布模型测算，中国 11 个省份（直辖市）的高净值人群大致覆盖了全国高净值人口总数的 75%，成为财富管理机构竞逐的主战场，它们依次为广东、浙江、上海、北京、江苏、福建、辽宁、河北、四川、山东、湖南。考虑到直辖市和省份人口基数的差异，财富人口的集聚与人均GDP 即地区经济发达程度具有紧密的联系。

3. 人群特征

（1）更年轻。胡润研究院 2011 年的调查结果显示，超过百万美元资产的高净值人士平均年龄为 39 岁，处于财富第一代或第一代与第二代交替的阶段；而美国同口径的数字是 54 岁，欧洲和日本均超过 60 岁。

（2）更激进。更年轻的年龄结构显示了中国财富人群尚处于创富阶段，因而对待财富的态度也更倾向于增值，体现为激进的资产组合，持有风险资产的比重较高。

（3）更集中。2010 年占人口总数不及 1% 的中国高净值人群掌握着全国可投资资产总量的 22.4%。

（4）更自信。中国财富人群主要来自于自主创业（55%）、房地产市场（20%）和证券市场（15%），通过自主经营实现财富积累的成功经验使得这个群体对财富管理要求更多的自主权。

4. 人群增长

中国财富分布中，尤其是拥有 10 000～100 000 美元的人口比重占到 31.80%，高出全球均值 7 个基点——这部分总量高达 3 亿的人口随着中国财富积累保持较快的速度而迈入财富的门槛，财富人群爆发性的增长将显著扩大财富管理市场的客户基础。波士顿咨询公司研究后认为，2005—2010 年中国财富人群数量的增长带动了财富市场以 25% 以上的年均复合增长率快速膨胀，而世界平均增长率仅为 13.4%。

二、中国财富管理机构现状

中国财富管理业者包括商业银行、证券公司、信托公司、保险公司、第三方理财机构等机构，其中商业银行和证券公司是财富人群选择的主要财富管理机构，分别占到 60%、20% 的份额。

1. 商业银行财富业务现状

2002 年 10 月，招商银行首先推出金葵花理财品牌，面向日均存款或总资产超过 50 万元的中高端客户，切入了启动阶段的财富市场。2007 年 3 月，中国银行推出了私人银行业务，标志着分层次财富管理格局的产生。

截至 2010 年年底，中国有 129 家银行机构提供财富管理服务。其中包括 5 大国有商业银行、12 家股份制商业银行、16 家外资银行、95 家城市商业银行、中国邮政储蓄银行以及部分农村信用合作社。

（1）行业格局

越高端的客户对机构的服务能力要求越严苛，因此业界通常以私人银行业务排名来衡量财富管理机构的专业服务水准。中国客户以人民币为主的资产特征、本土商业银行积累的庞大客户基础、更具优势的服务网络与资源是中资银行取得压倒性优势的原因所在，中国 85% 的高净值人士选用了中资私人银行进行财富管理。

（2）客户划分

商业银行一般按资产值将中高端客户区隔为理财客户、财富客户和私人银行客户三个层级，后两者为财富管理的目标客户群，也有部分银行为最高等级的理财客户提供类似的财富管理服务。

（3）组织架构

事业部制是国外财富管理机构中较为常见的组织形式，但在中国该种模式缺乏必要的实施条件，一是客户基础薄弱，过小的客户基数意味着不具备规模经济；二是财富产品单一，与原先理财客户享有的服务区别不大；三是客户很难从存量客户中取得，这部分客户也是原零售银行的高质量客户，优质客户资源和服务团队上移至事业部，不可避免会受到属地分行的抵制，而开发新客户时又容易形成多部门争抢客户现象。

"大零售"制实际上是挂靠制，将财富管理部门纳入到零售银行部门的体系下，以达到零售银行和财富管理部门协同开发、使用、维护客户资源的目的。该模式成为目前开展财富业务商业银行主要的组织形式。

在该模式下，财富部门作为分行的二级部门，只负责私人银行业务的规划指导管理，由各分行零售银行体系负责业务的经营与市场推广，共享整个零售银行业务的管理资源。由于财富管理是一项新业务，各商业银行并未对该业务设定具体的盈利目标，只是着眼于市场认知和品牌打造，因此在这种模式下如何加强对财富管理部门的考核和激励等问题尚未提到议事日程上。

（4）服务与产品

商业银行面向财富客户和一般理财客户的产品差别不大，服务也基本同质化，依照资金进入门槛和风险承受度向财富客户提供诸如传统的现金管理工具、结构性产品、不动产基金、资产基金、信托产品、私募基金、对冲基金、QDII 共同基金以及其他指数挂钩类投资工具。

事实上，这些产品在财富管理业务开展之前就有银行向高端的理财客户推销。不过，在财富管理产品设计的探索方面，各商业银行也在做着种种努力来契合高净值客户的需求。

（5）盈利能力

销售或代销理财产品获取手续费是财富管理部门主要的收入来源。公开数据显示，宣称私人银行部门实现盈利的商业银行仅有中国工商银行和招商银行。

中国工商银行私人银行 2010 年理财及私人银行业务实现收入 105 亿元，

其中向私人银行客户销售专享的理财产品 141 种、代理信托计划资金收付 57 项、顾问咨询业务 19 笔。

而招商银行 2010 年向私人银行客户销售理财产品收取手续费约 3 亿元，按照 1% 的手续费或管理费计算，实现的销售收入在 300 亿元左右，盈利在 1 200 万元左右。

更多已开展财富管理的银行保持信息沉默则表明该种模式无法抵偿其高投入的成本而普遍处于亏损，就行业本身而言，财富管理在中国并没有成熟的运营模式，尚处于探索阶段。

2. 证券公司财富管理业务现状

2010 年年末，广发证券正式引入了投资银行财富管理的概念。目前有十多家综合类券商通过设立财富管理中心或财富俱乐部来切入财富管理市场。同银行的处境一样，证券业受制于分业监管，客户的存款、投资账户相互分离的格局短期内无法改变。由于无法为客户提供统一账户下的资产规划，券商的财富管理业务还处于摸索阶段。

（1）与国内商业银行相比，证券行业在财富管理业务方面处于竞争劣势

其一，资产规模的劣势。从相邻金融业的发展态势来看，银行、保险、信托业同样处于分业管理的体系下，其竞争优势却得益于相对宽松的监管而逐步扩大，这使得整个证券业面临被边缘化的危险：就券商资产管理业务而言，证券业资产管理的规模仅为银行的 2%，保险的 26%，信托的 33%。

其二，客户规模的劣势。根据我们的估计，每股票账户拥有资产超过 100 万元人民币的财富客户占到总有效账户 1.4 亿户的 3.6% 左右，大概是 504 万户，占市场份额的 29%，在客户数方面体现为劣势，大半的客户资源与资产都掌握在银行手中。排名前十位券商中，拥有的高净值客户存量户数约为 5.65 万户，平均每家 5 600 户，对比同等级商业银行私人银行客户数均值的 15 000 户，差距不小。

其三，服务资源的劣势。已上市的证券公司中，13 家在 2010 年报中披露了其服务网点、从业人员的数量，其中证券业中规模最大的中信证券，营业网点数也仅有 270 个，整个证券业服务网点也仅 5 000 个左右，而保险业是 2 万个，银行业则超过 20 万个。

（2）证券业通过产品创新拓展财富管理业务

我们通过 wind 统计了全国 86 家综合类券商的经营数据，占到了全部 109 家证券公司（含经纪类券商）的 78%。数据表明，2010 年，86 家券商总体实现营业收入 2 090 亿元，其中佣金（手续费）收入为 1 570 亿元，占比 75%。

这个收入比与美国20世纪70年代证券业水平相当，市场发展阶段也很相似。

（3）资管业务已成为财富管理重要的突破口。

在监管放松、鼓励创新的环境下，证券业在扩大资产管理业务范围方面取得了突破性的进展。券商业务的创新品种在广度上更趋向国外投行性财富管理机构所提供的产品线。

其一，证金管理计划。受美林CMA的启发，2010年，信达证券推出了"现金宝"集合资产管理计划。所谓"客户保证金现金管理计划"，是指券商可于每日收盘后，自动抓取签约客户存放在证券账户内的闲置保证金，用以投资于银行活期、定期存款及货币市场工具。

其二，证券质押贷款。2011年3月，银河证券面向资产规模500万元以上的客户推出"金时雨"短融业务，融资期限最长不超过182天，融资成本与融资融券业务的利率相当，客户质押证券获取的贷款可以投资于证券外资产。如果该项业务没有被叫停的话，那么券商事实上已经开始经营起原本属于银行的质押贷款业务，只是因为没有商业银行的杠杆，业务规模容易受到资本金的制约。

其三，另类投资。2011年9月，广发证券宣布以不超过20亿元设立另类投资公司，将主要从事《证券公司证券自营投资品种清单》所列品种之外的金融产品等投资。而中信证券于2012年3月亦宣布设立另类投资业务线，在设立初期管理公司自有资金，在业务逐渐发展成熟的基础上，逐步开展面向第三方客户的资本中介业务及另类投资管理业务。

（4）证券公司开展财富管理业务面临的主要难点

其一，证券公司财富管理业务难以满足财富客户资产配置的要求。在分业监管的体制下，证券公司客户账户目前只是一个受局限的投资账户，只能进行股票、证券投资基金、交易所债券等有限的资本市场投资品种的交易，无法在同一账户下参与商品与金融期货、商品市场、保险、货币工具等投资品种，证券公司难以从全市场的角度对客户资产进行规划和配置。

其二，悬殊的竞争地位导致银证合作模式难产。证券公司与银行的财富客户存在着同质化、高重合的特征，这就导致双方在开展财富管理业务时，更多地体现为竞争关系而非合作关系。迄今类似的银证合作模式始终难产，其主要原因在于证券公司在客户总量、资产规模、营销渠道、理财产品数量等方面处于绝对弱势，贸然合作易导致客户及资产流失，致使券商顾虑重重。

其三，财富业务模式转变将对现有部门利益分配形成挑战。在以客户为中心的服务体系下，原先与其他业务部门平行的经纪业务部门被推到了最前线，由投资顾问将客户的最新需求反馈给资产管理、投资银行、证券研究等部门，这些部门通过协作设计出能满足客户需求的产品，再交由投资顾问完成产品销售。

新型业务模式把原先一部分体现在相关业务部门的销售收入集中到了经纪业务部门，打破了原先按业务线条进行利益分配的既有格局，各部门采取何种方式实现紧密合作，业务价值采取何种考核办法区分并借此进行利益再分配，甚至因业务转型而不可避免地牵涉到组织结构调整的问题，已成为证券公司变革前必须慎而又慎地加以考虑的课题。

[资料来源] 林采宜，吴齐华，段丽媛. 中国财富市场总值 16.5 万亿美元，已居全球第三 [N/OL]. 上海证券报，新华网：http：//jjckb. xinhuanet. com/opinion/2012-06/11/.

第六章 财富管理与家庭财产性收入的相关性分析

理论上讲，金融资产具有风险与收益的双重属性，不同的金融资产具有不同的风险与收益组合，不存在金融资产孰优孰劣的价值判断。所谓财富管理最优目标或家庭资产最优组合，指的是在风险一定的条件下，追求收益最大化的资产组合，或者是在收益一定的条件下，追求风险最小化的资产组合。即是说，在市场经济条件下，金融市场是一个无套利均衡市场，或者说是一个有效率的市场，不存在无风险套利的机会，任何超过金融市场平均收益的所谓超额收益，都是对投资者承担风险的补偿，没有什么值得炫耀的，一般人均可做到。这听起来有些让人悲观。

本章我们对四川省居民收入与银行理财市场发展现状进行考察与分析。想要说明的是，一个区域居民财产性收入尤其是金融资产的财产性收入增长与该区域商业银行理财产品市场的发展具有某些正相关性。即是说，区域家庭财产性收入与该区域的金融业发展水平具有正相关性。地方政府鼓励、支持当地金融业的发展，对于促进区域经济发展、提高区域家庭财产性收入水平，具有决定性的意义。这也是本书研究想要达到的终极目标。

第一节 一个基础性的理论分析框架

一、家庭金融资产调整的理论基础

1. 假设前提

（1）家庭追求约束条件下的金融资产收益最大化。即家庭在金融资产总量一定的条件下，根据各类金融资产的不同风险与收益，自由选择符合自身风险偏好的金融资产组合，以追求金融资产收益最大化为其目标。

（2）国内商品市场与货币市场处于均衡状态，实物资产的边际收益率与金融资产的边际收益率相等或大致相同，不存在家庭实物资产与金融资产之间的大规模替代，或者说忽略家庭实物资产与金融资产之间的替代。

（3）在金融市场均衡的状态下，或者说在股票市场和风险类金融资产市场价格走势不发生根本性变化的情况下，不存在风险类金融资产与无风险金融资产之间的大规模替代。

（4）在风险水平基本相同的金融资产选择中，家庭主要面临两类金融资产选择：传统类金融资产与互联网类金融资产。传统类金融资产包括债券、银行储蓄存款、银行理财产品、集合资金信托计划等；互联网类金融资产包括余额宝类金融资产（货币市场基金）、有担保的网络借贷类金融资产。

2. 家庭金融资产组合收益最大化的条件

家庭金融资产总收益，是指家庭各类金融资产的数量乘以各类金融资产收益率的加总。这样看，在家庭金融资产总量和风险偏好一定的情况下，家庭金融资产收益的多少主要取决于各类金融资产的收益率高低。金融资产组合的收益率上升，家庭金融资产收益提高；金融资产组合的收益率下降，家庭金融资产收益降低。

理论上讲，在金融市场均衡的前提下，家庭金融资产收益最大化的条件为：在风险水平基本相同的情况下，传统类金融资产组合的边际收益等于互联网金融资产组合的边际收益。即是说，在传统类金融资产组合边际收益不等于互联网金融资产组合边际收益的情况下，家庭就会调整其金融资产组合，金融市场上就会发生一定规模的金融资产替代现象，直至调整到二者的边际收益相等为止。也就是说，家庭的金融资产调整行为是看着金融资产的边际收益率行事的。

二、家庭金融资产调整的金融市场背景分析

按照传统的金融学理论，在一个有效率的金融市场上，或者说在一个无套利均衡的金融市场上，不存在无风险套利的机会，或者说金融市场上无风险套利的机会稍纵即逝。金融市场参与者只可能获得货币的时间价值和风险补偿，不存在所谓的超额收益。相同期限下，风险较高的金融资产收益较高，风险较低的金融资产收益较低，风险相同的金融资产收益相等，风险水平趋于零的金融资产收益趋于零，任何超过市场整体收益水平的所谓超额收益，都是对市场参与者的风险补偿。

从现象上观察，在不考虑交易费用（学习成本、时间成本、等待成本等）

的前提下，中国目前的金融市场上似乎存在着明显的无风险跨市场套利的机会。

（1）同期限商业银行理财产品与储蓄存款之间存在着无风险套利机会。同一银行发行的同期限银行理财产品的收益率明显高于同期限储蓄存款的利率，即在风险相同的条件下（银行信用相同），银行理财产品的收益率较高，对于可投资金融资产超过人民币5万元的家庭来说，存在着明显的无风险套利机会。

（2）同期限债券、集合资金信托计划与银行储蓄存款之间存在着无风险套利的机会。理论上讲，债券和信托产品并非完全意义上保本保收益的信用产品，收益率水平较高，风险水平也一定相对较高。但在中国目前的约束条件下，债券与信托产品本金和收益的如期兑付具有某种外部强制性，或者说具有某种"刚性兑付"的特征。

（3）同期限互联网金融理财产品与储蓄存款之间存在着无风险套利的机会。目前余额宝类理财产品主要是现金管理类理财产品，其运作模式都是通过对接货币市场基金而获取收益，与银行储蓄存款相比，风险水平基本相同，收益水平明显高于同期限储蓄存款利率。

考虑到中国西部家庭的财富水平整体较低，信托产品市场因其实行合格投资人制度（投资起点100万元人民币），普通家庭对信托产品的市场参与率极低，几乎可以忽略不计。因此，在我们以下的分析中，仅选取四川省银行理财市场作为考察与分析的样本，主要考察与分析家庭财产性收入与银行理财市场的相关性，而没有涉及信托产品市场和其他理财市场。主要原因在于：普通家庭参与最频繁的市场仍然是银行存款市场和银行理财市场，资产组合调整的主流模式依然是银行理财产品与储蓄存款之间的替代，未来可能还有互联网金融理财产品与储蓄存款之间的替代，但由于互联网金融理财产品刚刚兴起，其产生的财富管理效应还有待观察，所以我们这里也没有更多地涉及此类市场。

我们的考察与分析想要得出的结论是：普通家庭提高财产性收入的主要方式在于积极参与商业银行理财市场，调整家庭金融资产组合，以银行理财产品替代银行储蓄存款，或者以互联网金融理财产品替代银行储蓄存款，家庭财产性收入增长与区域性银行理财市场发展状况高度相关。因此，地方政府应配套相关经济政策，大力发展区域性金融机构和银行理财市场，以达到提高本区域家庭财产性收入之目的。

第二节 四川省银行理财产品市场发展状况与分析

一、2004—2013 年四川省银行理财产品发行数量与分析

2004 年年底，光大银行推出了投资于银行间债券市场的"阳光理财 B 计划"，开了国内人民币理财产品的先河，拉开了我国人民币银行理财产品的发行序幕。此后，以中国银行、中国农业银行、光大银行、广发银行为代表的商业银行，开始在全国范围内发行银行理财产品。2004 年有 121 款产品在四川地区发售，为四川省内的家庭投资者提供了一条新的理财途径。在 121 款产品中，以挂钩利率为主的外币结构性产品大量涌现，占比超过 80%，其中美元产品发行了 75 款。见图 6.1。

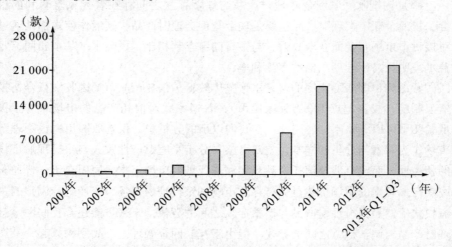

图 6.1 四川地区 2004—2013 年银行理财产品发行数量

[资料来源] 普益财富金融数据终端（www.pywm.com.cn）（数据截至 2013 年 09 月 30 日）。

2005 年，随着《商业银行个人理财业务管理暂行办法》和《商业银行个人理财业务风险管理指引》的颁布，银行理财市场基础性的制度逐渐形成，我国银行理财市场开始进入高速发展时期。2005 年各商业银行在四川省发行理财产品共 419 款，同比增长了 246.28%。2006—2007 年间，四川省银行理财市场产品均以同比倍增的速度快速发展，至 2008 年金融危机爆发前夕，发行量已接近 5 000 款。在此后的全球金融危机中，部分投资于海外市场的产品发

行量大幅萎缩，但国内理财市场产品创新不断，为投资者推出了大量的理财新品种，如"打新股"理财产品、结构性理财产品等，使得国内居民投资理财的热情持续高涨。

从 2010 年开始，理财市场迎来了真正意义上的大爆发，宏观经济环境的变化是这一阶段银行理财市场扩容的主要原因。由于全球各国中央银行大量发行货币救市，国内出现了新一轮的通货膨胀，严峻的通货膨胀形势直接逼迫中国货币政策转向稳健的通道。在这一政策环境下，一方面银行信贷资金出现前所未有的紧张，直接导致其通过理财产品的发售来缓解资金压力；另一方面，面对日趋严峻的通货膨胀预期，投资者通过理财产品寻求资产保值的需求也日益旺盛，"跑赢CPI"成为了居民投资理财的首要目标。2011 年四川省内各商业银行共有 17 757 款理财产品发售，理财产品募集规模突破万亿元人民币大关。2012 年，在经济环境变化的大背景下，四川省银行理财市场在大基数之上继续扩张，同比增长 48.84%，银行理财产品发行数量达到 26 432 款。

进入 2013 年之后，随着利率市场化进程的加速，商业银行转型的压力日渐增大，通过理财管理业务实现转型成为了大多数商业银行的共识，越来越多的银行加大了对理财管理业务的投入，这就从供给端为理财市场提供了持续发展的动力。四川省银行理财产品发行数量、规模以及参与银行数量均稳步增长，银行理财市场进入了稳健的发展时期。截至 2013 年 9 月 30 日，四川省内共发售银行理财产品 22 136 款；已接近 2012 年全年的水平。见表 6.1。

表 6.1　　四川地区 2004—2013 年银行理财产品发行数量年增幅

发行年份	2004	2005	2006	2007	2008	2009	2010	2011	2012	2013（Q1—Q3）
发行数量（款）	121	419	678	1 797	4 961	5 128	8 411	17 757	26 432	22 136
年增幅（%）	—	246.28	61.81	165.04	176.07	3.37	64.02	111.12	48.85	—

［资料来源］普益财富金融数据终端（www.pywm.com.cn）（截至 2013 年 09 月 30 日）。

面对竞争日益激烈的理财市场，商业银行加大力度推进产品创新，随着理财资金投资领域的扩大，逐渐构建阶梯状的产品风险特征。'2012 年以来，一些股份制商业银行已经通过对组织架构的调整，将资源向理财管理业务倾斜，并积极推进传统理财业务向资产管理业务发展；大部分城市商业银行也积极完善内部体系建设，通过扩大投资领域来加大产品的创新力度，满足客户的多样化需求。随着金融工具的不断完善、客户理财意识的不断深入，商业银行以理财产品创新推进业务模式转型，川内银行理财市场必将迎来新一轮快速且可持续的增长，呈现出更加多样化的格局，为居民投资理财提供丰富多样的产品，使更多投资者分享经济、金融大发展的红利。

二、理财产品分类考察与分析

（一）按银行理财产品发行主体考察与分析

在四川地区的银行理财市场中，股份制商业银行处于发行中的领导者地位。从 2004 年到 2013 年第 3 季度的市场总容量来看，股份制商业银行的发行量始终保持整个银行理财市场的第一位，占比达到 57.11%；年同比增幅也遥遥领先于其他类型银行。但随着市场的发展、参与竞争的银行数量的增加，其市场份额出现了较大幅度的萎缩：从 2004 年的 86.78% 直线下滑至 2007 年 49.75% 的最低点，此后虽出现反弹，但其市场份额仍有逐年下滑的趋势。见表 6.2。

表 6.2　四川地区 2004—2013 年银行理财产品各发行主体发行情况表

发行主体＼年份	国有银行		股份制商业银行		城市商业银行		农村金融机构		外资银行		总计（款）
	数量（款）	占比（%）	数量（款）	占比（%）	数量（款）	占比（%）	数量（款）	占比（%）	数量（款）	占比（%）	
2004 年	10	8.26	105	86.78	3	2.48	—	—	3	2.48	121
2005 年	87	20.76	291	69.45	10	2.39	—	—	31	7.40	419
2006 年	129	19.03	411	60.62	65	9.59	—	—	73	10.77	678
2007 年	440	24.49	894	49.75	58	3.23	4	0.22	401	22.31	1 797
2008 年	1 192	24.03	2 780	56.04	314	6.33	3	0.06	672	13.55	4 961
2009 年	1 629	31.77	2 851	55.60	216	4.21	5	0.10	427	8.33	5 128
2010 年	2 772	32.96	4 730	56.24	441	5.24	6	0.07	462	5.49	8 411
2011 年	5 134	28.91	10 486	59.05	1 058	5.96	42	0.24	1 037	5.84	17 757
2012 年	8 193	31.00	15 689	59.36	1 929	7.30	39	0.15	582	2.20	26 432
2013 年 Q1-Q3	7 858	35.50	11 930	53.89	1 821	8.23	65	0.29	462	2.09	22 136
总计（款）	27 444	31.24	50 167	57.11	5 915	6.73	164	0.19	4 150	4.72	87 840

[资料来源] 普益财富金融数据终端（www.pywm.com.cn）（截至 2013 年 09 月 30 日）。

国有银行在四川地区银行理财市场的市场份额，从 2004 年的 8.26% 直线提升至 2009 年的 31.77%，此后始终保持了 30% 左右的市场份额。城市商业银行和农村金融机构是四川省内市场上的后起之秀。在 2004—2006 年的银行理财市场发展初期，几乎难觅城市商业银行和农村金融机构的身影。随着银行理财市场的风生水起，理财业务已经成为银行新的利润增长点以及满足投资者多样化投资需求的法宝。在这一趋势下，城市商业银行（2004 年开始涉足）和农村金融机构（2007 年开始涉足）也加入理财产品发行的洪流中，其市场份额由 2004 年的 2.48% 增长到 2012 年的 8.52%。但从全国范围来看，城市商业银行和农村金融机构的市场份额已经超过 20%，在某些地区甚至超过了国有银行。从这个角度分析，四川地区的区域性商业银行在理财市场上的发展空间还非常广阔。

外资银行是最早涉足银行理财产品发行的金融机构之一，但受到营业网点及客户资源的限制，其理财产品发行的市场份额始终保持比较小的比例。2007 年其在四川省内的市场份额有所突破，上升至 22.31%，主要得益于外资银行在这一年里推出了中资银行较难设计的结构性和 QDII 产品，并受到了投资者的追捧。但随后国际投资环境的恶化直接限制了这些创新型理财产品的进一步发行，至 2013 年第三季度，外资银行在四川银行理财市场上的份额已萎缩至 2.09%。见图 6.2。

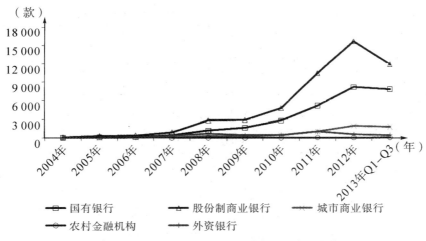

图 6.2　四川地区 2004—2013 年银行理财产品各发行主体发行数量

［资料来源］普益财富金融数据终端（www.pywm.com.cn）。（截至 2013 年 09 月 30 日）

（二）按银行理财产品收益类型考察与分析

2004 年至今，银行理财产品的收益类型基本呈现出固定收益向浮动收益转化的趋势，截至 2013 年，固定收益与浮动收益产品市场地位基本实现互换。出现这种市场变化的原因主要在于：银行理财产品的投资对象越来越丰富，由最初的债券、中央银行票据这一类收益稳定的投资对象扩大到现在的信贷资产、银行票据、证券等风险级别较高的领域。由于这些领域行情具有较大的波动性，以这些领域作为投资对象的理财产品就很难以固定收益的形式设计。随着银行理财市场投资领域的进一步拓宽，浮动收益理财产品的占比还会进一步上升。见表 6.3。

表 6.3　　　　四川地区 2004—2013 年银行理财产品收益类型情况

发行主体 年份	保证收益型		保本浮动收益型		非保本浮动收益型		总计 （款）
	数量 （款）	占比 （%）	数量 （款）	占比 （%）	数量 （款）	占比 （%）	
2004 年	65	53.72	49	40.50	7	5.79	121
2005 年	280	66.83	135	32.22	4	0.95	419
2006 年	393	57.96	234	34.51	51	7.52	678
2007 年	459	25.54	632	35.17	706	39.29	1 797
2008 年	1454	29.31	974	19.63	2 533	51.06	4 961
2009 年	1 791	34.93	568	11.08	2 769	54.00	5 128
2010 年	3 159	37.56	976	11.60	4 276	50.84	8 411
2011 年	4 477	25.21	3 012	16.96	10 268	57.83	17 757
2012 年	4 974	18.82	4 232	16.01	17 226	65.17	26 432
2013 年 Q1-Q3	2 772	12.52	3 219	14.54	16 145	72.94	22 136
总计	19 824	22.57	14 031	15.97	53 985	61.46	87 840

［资料来源］普益财富金融数据终端（www.pywm.com.cn）（截至 2013 年 09 月 30 日）。

在四川地区，2004—2006 年保证收益型产品的占比保持在 55% 以上，2007 年降至 25.54% 之后，市场份额一路下滑，至 2013 年仅占 12.52%。而非保本浮动收益型产品的市场占比则逐年提升至 2013 年的 72.94%。见图 6.3 和表 6.3。

（三）按银行理财产品币种考察与分析

从发行币种的丰富程度上看，四川省内理财市场上全面涵盖了人民币、美元、澳元、港币、欧元、英镑、日元、加元、新加坡元以及新西兰元。但英镑、日元、加元、新加坡元以及新西兰元在十年间的发行数量均在千款以下，尤其是加元、新加坡元和新西兰元，数量尚未达百款，非常小众。见表 6.4。

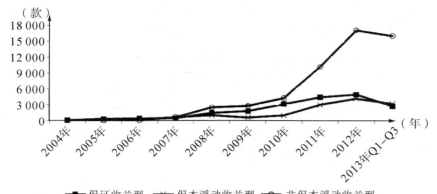

图 6.3　四川地区 2004—2013 年银行理财产品收益类型（单位：款）

——■—— 保证收益型　——✕—— 保本浮动收益型　——●—— 非保本浮动收益型

［资料来源］普益财富金融数据终端（www.pywm.com.cn）（截至 2013 年 09 月 30 日）。

表 6.4　　　四川地区 2004—2013 年银行理财产品发行币种情况　　单位：款

发行币种	人民币	美元	澳元	港元	欧元	英镑	日元	加元	新加坡元	新西兰元	总计
2004 年	16	75	—	27	3	—	—	—	—	—	121
2005 年	115	214	5	69	12	4	—	—	—	—	419
2006 年	270	271	7	108	22	—	—	—	—	—	678
2007 年	988	505	23	185	83	8	3	2	—	—	1 797
2008 年	3 527	643	264	228	242	35	8	5	9	—	4 961
2009 年	4 158	489	222	100	130	14	—	15	—	—	5 128
2010 年	6 641	791	338	292	228	64	36	21	—	—	8 411
2011 年	15 033	1 050	517	455	456	106	93	27	20	—	17 757
2012 年	23 043	1 848	463	402	453	93	113	16	1	—	26 432
2013 年 Q1-Q3	21 116	449	224	195	101	26	22	1	1	1	22 136
总计	74 907	6 335	2 063	2 061	1 730	350	275	87	31	1	87 840

［资料来源］普益财富金融数据终端（www.pywm.com.cn）（截至 2013 年 09 月 30 日）。

　　2000 年，中国人民银行开始放开对外币存贷款利率的管制，随着居民外币持有量的增多，外币理财的需求也逐渐凸显，这直接导致了 2004—2007 年期间外币理财产品的发行占到了总发行量的半壁江山。2004 年，美元理财产品的市场占比为 61.98%。受到人民币对美元不断升值以及美联储实行低利率政策的双重影响，人民币理财产品的发行比例逐年增加，美元理财产品的发行比例持续下降，从 2007 年开始，美元理财产品的主导地位已经让位于人民币理财产品。2012 年，人民币理财产品占比已经达到 87.18%，美元理财产品占比仅为 6.99%。港币汇率与美元挂钩，因此港币理财产品的发行占比也逐年下降，在四川地区，从 2004 年的 22.31% 逐年降至 2013 年的 0.88%。见表 6.5。

表 6.5　　四川地区 2004—2013 年银行理财产品发行币种占比情况　　单位:%

发行币种	人民币	美元	澳元	港币	欧元	英镑	日元	加元	新加坡元	新西兰元
2004 年	13.22	61.98	—	22.31	2.48	—	—	—	—	—
2005 年	27.45	51.07	1.19	16.47	2.86	0.95	—	—	—	—
2006 年	39.82	39.97	1.03	15.93	3.24	—	—	—	—	—
2007 年	54.98	28.10	1.28	10.29	4.62	0.45	0.17	0.11	—	—
2008 年	71.09	12.96	5.32	4.60	4.88	0.71	0.16	0.10	0.18	—
2009 年	81.08	9.54	4.33	1.95	2.54	0.27	—	0.29	—	—
2010 年	78.96	9.40	4.02	3.47	2.71	0.76	0.43	0.25	—	—
2011 年	84.66	5.91	2.91	2.56	2.57	0.60	0.52	0.15	0.11	—
2012 年	87.18	6.99	1.75	1.52	1.71	0.35	0.43	0.06	0.00	—
2013 年 Q1~Q3	95.39	2.03	1.01	0.88	0.46	0.12	0.10	0.00	0.00	—
总计	85.28	7.21	2.35	2.35	1.97	0.40	0.31	0.10	0.04	0.00

[资料来源] 普益财富金融数据终端（www.pywm.com.cn）（截至 2013 年 09 月 30 日）。

金融危机爆发后，在一系列宽松货币政策支撑下，澳大利亚经济率先走出低谷。为了防止通货膨胀抬头，澳联储率先推行紧缩的货币政策，成为国际经济尚未完全复苏的情况下为数不多的保持高利率政策的国家之一。这使得澳元在外汇市场上持续走强，在这一背景下，国内银行纷纷发行澳元理财产品，且收益率均高于市场平均水平。澳元理财产品成为近年外币理财产品中的"新宠"。澳元理财产品的市场份额在 2008 年达到 5.32% 的顶峰，此后渐渐萎缩，但在外币产品中仍稳居第二。

从 2007 年开始，人民币理财产品成为了四川省内理财市场上的主流品种。究其原因，一是国际经济形势萎靡，使得外币汇率走低，同时海外市场的低迷也使主要投资于海外资本市场的外币产品渐失民心；二是四川处于我国内陆，外贸进出口较少，居民和企业持有的外币较沿海省份要少，因此对外币理财产品的需求也更少；三是随着四川省内理财市场上参与银行的增多，对市场需求的把握也更加全面细致，银行发行的人民币理财产品供不应求，反过来更刺激了银行在产品发行端将人民币理财产品作为主打产品。2007 年，以人民币为发行币种的理财产品发行了 988 款（占比 54.98%），至 2013 年 1~3 季度，四川省内人民币理财产品发行达到 21 116 款，占比 95.39%，几乎垄断了整个银行理财产品市场。

（四）按人民币银行理财产品投资起点考察与分析

从银行理财产品的投资起点来看，20 万元以下投资起点的银行理财产品
是四川地区的主流产品。在 2004 年和 2005 年以外币产品为主的两年中，绝大
部分居民投资者还未关注到银行理财产品，因此在这两年中产品投资起点大多
在 10 万~20 万元。从 2006 年开始，随着理财投资理念的推广，普通居民投资
热情逐渐高涨，5 万元投资起点的产品逐渐占领了最大的市场份额。见表 6.6。

表 6.6   四川地区 2004—2013 年人民币银行理财产品投资起点情况

单位：款

投资起点	5 万	5 万 ~20 万	20 万 ~50 万	50 万 ~100 万	100 万 ~1 000 万	1 000 万以上	未透露	总计
2004 年	6	10	—	—	—	—		16
2005 年	24	79	3	—	—	—	9	115
2006 年	196	47	8	3	2	—	14	270
2007 年	650	78	157	3	6	—	94	988
2008 年	2 176	324	493	90	70	3	371	3 527
2009 年	2 286	612	348	249	193	76	394	4 158
2010 年	3 375	1 408	452	368	285	232	521	6 641
2011 年	5 697	3 622	1 315	1 561	748	77	2 013	15 033
2012 年	7 847	3 794	1 747	1 090	2 600	963	5 002	23 043
2013 年 Q1~Q3	7 386	4 408	1 476	1 260	808	900	4 878	21 116
总计	29 643	14 382	5 999	4 624	4 712	2 251	13 296	74 907

［资料来源］普益财富金融数据终端（www.pywm.com.cn）（截至 2013 年 09 月 30 日）。

但随着居民财富的增长，理财投资人群的财富总额也在增加。反映到产品
市场上，表现为银行理财产品投资起点逐年上移；同时，居民投资需求的多样
化，也使商业银行在推出理财产品时细分市场，针对不同收入人群的财富管理
特征发行投向不同的产品，并在投资起点上加以区分。某些银行专门服务中高
端人群，市场上 50 万元以上投资起点的产品市场份额逐渐扩大，从 2006 年的
1.85%增长至 2013 年 1~3 季度的 14.06%。见表 6.7 和图 6.4。

表 6.7 四川地区 2004—2013 年人民币银行理财产品各投资起点占比情况

单位:%

投资起点	5万	5万~20万	20万~50万	50万~100万	100万~1000万	1000万以上	未透露
2004年	37.50	62.50	—				
2005年	20.87	68.70	2.61	—	—	—	7.83
2006年	72.59	17.41	2.96	1.11	0.74		5.19
2007年	65.79	7.89	15.89	0.30	0.61	—	9.51
2008年	61.70	9.19	13.98	2.55	1.98	0.09	10.52
2009年	54.98	14.72	8.37	5.99	4.64	1.83	9.48
2010年	50.82	21.20	6.81	5.54	4.29	3.49	7.85
2011年	37.90	24.09	8.75	10.38	4.98	0.51	13.39
2012年	34.05	16.46	7.58	4.73	11.28	4.18	21.71
2013年 Q1-Q3	34.98	20.88	6.99	5.97	3.83	4.26	23.10
总计	39.57	19.20	8.01	6.17	6.29	3.01	17.75

［资料来源］普益财富金融数据终端（www.pywm.com.cn）（截至 2013 年 09 月 30 日）。

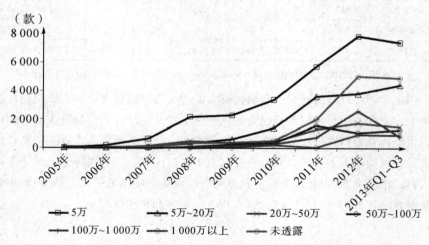

图 6.4 四川地区 2004—2013 年人民币银行理财产品各投资起点发行数量

［资料来源］普益财富（数据截至 2013 年 09 月 30 日）。

（五）按银行理财产品投资期限考察与分析

在本书中，根据银行理财产品的特点，我们将其投资期限分为：超短期（t≤1个月）、短期（1个月<t≤3个月）、中期（3个月<t≤6个月）、中长期（6个月<t≤1年）、长期（t>1年）和无固定期限几类。见表6.8。

表6.8　四川地区2004—2013年银行理财产品各投资期限发行情况

单位：款

投资期限	超短期	短期	中期	中长期	长期	无固定期限	总计
2004年	2	8	12	16	83	—	121
2005年	10	70	125	126	88	—	419
2006年	13	103	227	195	138	2	678
2007年	36	284	339	491	588	59	1 797
2008年	738	1 243	1260	1 032	498	190	4 961
2009年	1 162	1 277	1 223	996	382	88	5 128
2010年	2 179	2 609	1 690	1 482	340	111	8 411
2011年	5 808	5 827	3 501	2 107	440	74	17 757
2012年	1 219	14 635	6 318	3 622	576	62	26 432
2013年 Q1-Q3	1 114	13 302	4 762	2 492	417	49	22 136
总计	12 281	39 358	19 457	12 559	3 550	635	87 840

［资料来源］普益财富金融数据终端（www.pywm.com.cn）（截至2013年09月30日）。

从产品的投资期限来看，在十年的发展过程中，四川地区银行理财产品在期限方面的特点明显表现为：6个月以上期限产品市场占比逐年下降。2004年，6个月以上期限理财产品市场占比高达81.82%，其中1年以上期限产品市场占比为68.60%；随着理财产品资金投向股票（包含新股）、信贷资产、票据这些领域，6个月以上期限的理财产品市场占比逐渐萎缩，尤其是1年以上期限产品市场占比下降幅度尤为明显。至2009年，1年以上理财产品发行占比仅为7.45%。近年来，这一比例持续下降，2013年已下降至1.88%。见表6.9。

表 6.9　四川地区 2004—2013 年银行理财产品各投资期限占比情况　单位:%

投资期限	超短期	短期	中期	中长期	长期	无固定期限	总计
2004 年	1.65	6.61	9.92	13.22	68.60	—	100.00
2005 年	2.39	16.71	29.83	30.07	21.00	—	100.00
2006 年	1.92	15.19	33.48	28.76	20.35	0.29	100.00
2007 年	2.00	15.80	18.86	27.32	32.72	3.28	100.00
2008 年	14.88	25.06	25.40	20.41	10.04	3.83	100.00
2009 年	22.66	24.90	23.85	19.42	7.45	1.72	100.00
2010 年	25.91	31.02	20.09	17.62	4.04	1.32	100.00
2011 年	32.71	32.82	19.72	11.87	2.48	0.42	100.00
2012 年	4.61	55.37	23.90	13.70	2.18	0.23	100.00
2013 年 Q1~Q3	5.03	60.09	21.51	11.26	1.88	0.22	100.00
总计	13.98	44.81	22.15	14.30	4.04	0.72	100.00

[资料来源] 普益财富金融数据终端（www.pywm.com.cn）（截至 2013 年 09 月 30 日）。

在中长期产品市场份额萎缩的同时，短期产品占比出现较大幅度上升。2004 年，3 个月以下期限理财产品市场占比为 8.26%，2011 年，这一比例已上升至 65.52%。即在四川地区发售的银行理财产品中，超过六成的投资期限都在 3 个月以下。短期产品发行量出现这种变化的原因主要有以下两个方面:第一，从投资者的角度看，近年来资本市场持续低迷、CPI 稳步攀升，经济运行的未来趋势不确定性加强。在这一背景下，投资者比较青睐于变现快、抗通胀的理财品种，而 3 个月期限以内的理财产品正好能满足投资者的需要。第二，从银行的角度看，银行理财产品市场发展初期，正值银行大量投放信贷，各家银行都需要大量存款作为信贷投放的基础，而短期理财产品正好能起到增强银行吸储能力的作用。近两年，由于国家货币政策转向，银行信贷资金异常紧张，各家银行通过不计成本地发行超短期产品来变相高息揽存。以上两方面的因素导致了短期产品发行量呈现持续上升趋势。

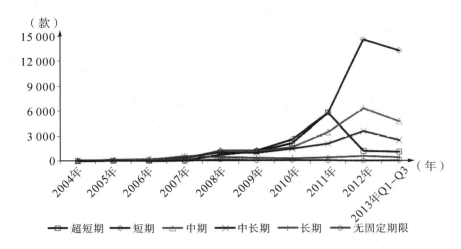

（款）

图例：—□— 超短期　—◇— 短期　—△— 中期　—×— 中长期　—+— 长期　—◇— 无固定期限

图 6.5　四川地区 2004—2013 年银行理财产品各投资期限发行数量

［资料来源］普益财富金融数据终端（www.pywm.com.cn）（截至 2013 年 09 月 30 日）。

（六）按银行理财产品投向考察与分析

2012 年发行的理财产品根据其投资对象可以分为债券与货币市场类、信贷类、票据资产类、股权投资类、新股申购类、证券投资类（不含优先受益权型）、结构性产品、组合投资类及其他类产品。见表 6.10。

表 6.10　　　　四川地区 2004—2013 年银行理财产品投向情况

年份 \ 投资标的	债券与货币市场	信贷类	票据资产	股权投资	新股申购	证券投资	结构性产品	组合投资	其他	未透露	总计
2004 年	4	—	—	—	—	—	29	—	—	88	121
2005 年	41	—	—	—	—	—	92	3	1	282	419
2006 年	87	48	—	1	8	3	184	6	3	338	678
2007 年	200	240	15	14	156	46	646	87	3	390	1 797
2008 年	1 473	1 036	814	19	93	36	566	300	12	612	4 961
2009 年	2 303	1 936	59	49	2	42	406	212	8	111	5 128
2010 年	4 698	1 252	130	34	—	91	537	1 472	64	133	8 411
2011 年	9 433	524	140	14	—	230	1 416	5 345	123	532	17 757
2012 年	9 146	160	14	13	1	447	3 767	11 031	87	1 766	26 432
2013 年 Q1—Q3	9 631	134	2	15	—	541	750	10 454	10	599	22 136
总计	37 016	5 330	1 174	159	260	1 436	8 393	28 910	311	4 851	87 840

［资料来源］普益财富金融数据终端（www.pywm.com.cn）（截至 2013 年 09 月 30 日）。

在四川地区，2004 年销售的理财产品以结构性产品为主。当时由于银行理财产品市场才刚刚起步，大部分理财产品信息披露不完全，因此未透露投向的产品占比超过七成。从 2005 年开始，为更好地保证客户利益，银行开始关注低风险投资领域，投向债券与货币市场类的产品达到 41 款；为避免同质化竞争，在保证基本收益、控制投资风险的基础上帮助客户实现更高收益，该年度出现了 3 款组合投资类产品。2006 年，随着参与理财业务银行的数量增多，理财资金的投资渠道也开始丰富。理财资金开始投向信贷资产、股权投资、证券投资和新股申购。

2007 年银行理财产品的设计理念悄然改变，非保本浮动收益型产品日益增多，理财产品创新性凸显，彰显出银行理财产品市场的巨大发展空间，信贷类产品迅猛发展，全年共发行 240 款。2007 年中国股票市场一片繁荣，在理财市场上新股申购类产品颇受市场青睐，共有 156 款在四川省内发售，成为当时市场环境下催生出的一类"风险低，收益高"的银行理财产品。2008 年受国际金融危机影响，国内股票市场遭到重创，投资者纷纷转向稳健的银行理财产品市场，债券与货币市场类产品发行量达到 1 473 款。由于该年度前三季度国家货币政策适度紧缩以及对贷款规模进行限制，而市场资金需求依然旺盛，因此信贷类和票据资产类理财产品得以迅速发展，该两类产品发行数量迅猛增长。

金融危机爆发之后的 2009 年，我国中央政府推出 4 万亿元的经济刺激计划，并辅以适度宽松的货币政策和积极的信贷措施以促进经济复苏，使得 2009 年信贷规模空前高涨。在此背景下，信贷类理财产品依然是 2009 年度发行主力。同时，在信贷规模急剧放大的情况下，银行票据资产相对萎缩，加上目前我国票据市场仍不发达，交易品种比较单一，主要是银行承兑汇票，商业承兑汇票很少；且银监会关于禁止银行投资自身发行的票据的规定也进一步削弱了发行票据类产品的积极性，多种因素导致票据资产类理财产品经过 2008 年的爆发式增长之后，该年度重新进入沉寂期，发行量急剧下降至 59 款。从 2008 年 9 月 16 日开始，我国连续 5 次下调存贷款基准利率，一年期存款利率触及 2004 年以来 2.25% 的低位；同时，随着银行理财市场的发展，理财观念日益深入人心，在风险可承受的基础上，越来越多的人通过购买银行理财产品来获得高于银行存款利率的收益率，保持资产增值。在这种情况下，债券与货币市场类产品适应了市场需求，迅速发展，在四川省内理财市场上成为了市场份额最大的一类产品。见表 6.11。

表 6.11 　　　　四川地区 2004—2013 年银行理财产品各投向占比表　　　　单位:%

投资标的 年份	债券与货币市场	信贷类	票据资产	股权投资	新股申购	证券投资	结构性产品	组合投资	其他	未透露
2004 年	3.31	—	—	—	—	—	23.97	—	—	72.73
2005 年	9.79	—	—	—	—	—	21.96	0.72	0.24	67.30
2006 年	12.83	7.08	—	0.15	1.18	0.44	27.14	0.88	0.44	49.85
2007 年	11.13	13.36	0.83	0.78	8.68	2.56	35.95	4.84	0.17	21.70
2008 年	29.69	20.88	16.41	0.38	1.87	0.73	11.41	6.05	0.24	12.34
2009 年	44.91	37.75	1.15	0.96	0.04	0.82	7.92	4.13	0.16	2.16
2010 年	55.86	14.89	1.55	0.40	0.00	1.08	6.38	17.50	0.76	1.58
2011 年	53.12	2.95	0.79	0.08	0.00	1.30	7.97	30.10	0.69	3.00
2012 年	34.60	0.61	0.05	0.05	0.00	1.69	14.25	41.73	0.33	6.68
2013 年 Q1—Q3	43.51	0.61	0.01	0.07	0.00	2.44	3.39	47.23	0.05	2.71
总计	42.14	6.07	1.34	0.18	0.30	1.63	9.55	32.91	0.35	5.52

[资料来源] 普益财富金融数据终端 (www.pywm.com.cn) (截至 2013 年 09 月 30 日)。

2010 年，中国银监会于 8 月初下发《中国银监会关于规范银信理财合作业务有关事项的通知》，融资类银信合作理财产品从此受到严格限制，信贷类产品的发行逐月减少。取而代之的是债券与货币市场类产品以及稳健型的组合投资类产品。受前两年 4 万亿元投资推动以及宽松货币政策的影响，2010 年通货膨胀率逐月攀升，全年 CPI 达到 3.3%。中央银行为控制流动性和管理通胀，6 次上调存款准备金率、2 次加息，导致银行间市场资金面不断收紧；与此同时，银监会为控制信贷风险而加强了对银行贷存比考核力度，银行系统资金压力雪上加霜。受此影响，以债券与货币市场类为代表的稳健型理财产品收益率呈上涨态势，受到市场追捧，反过来又促进了该类产品的进一步发展。

2011 年中央银行 6 次上调存款准备金率、3 次加息。一系列宏观调控政策使金融市场资金面紧张程度达到近年之最，且银行贷存比考核力度加大至按日考核，对短期资金需求更显得迫切；同时，我国物价上升势头明显，通货膨胀预期始终存在，上半年 CPI 达到 5.4%，居民资产保值增值意愿强烈。债券与货币市场类产品风险较小且收益稳定，备受市场青睐。2011 年 7 月 5 日，监管层针对近年以来的理财市场乱象，发布《商业银行理财业务监管座谈会会议纪要》，对银信合作、票据类产品、委托贷款等相关业务做出规范；并通过一系列的监管，严格规范理财资金投向。在这种情况下，理财资金投资范围大大缩小，债券与货币市场类产品一枝独秀，发行数量达到 9 433 款（占比

53.12%）。本年度另类投资开始升温，投资于酒类、收藏品、钻石等的理财产品顺应市场趋势，同样获得了市场的认可。在监管层的规范下，信贷类、票据资产类产品极度萎缩；股权投资、证券投资类产品也因资本市场一蹶不振而逐渐被市场冷落；结构性产品因其风险较高，不敌其他投资方式，发行数量占比呈现继续下降的趋势。

2012 年至今，投资渠道的丰富使理财产品的投资组合方式迅速增多，同时还伴随着风险分散的优势。相比于单一固定投向的理财产品，组合投资类的投资管理更加灵活，能在规定的投资比例范围内，进行自由调节，便于更好地控制风险、实现收益；对于募集金额较大的理财产品，单一投向可能会受标的资产规模的限制，而组合投资的资产池管理模式则能有效规避这一限制。2009年，全球金融危机全面升级，风险管理与控制在投资中的重要性凸显，组合投资类产品因其自身的风险调控特征，在不确定的经济环境中优势尽显。因此，组合投资产品取代债券和货币市场类产品，成为了四川地区发行量最大的一类产品。2012 年组合投资类产品发行 11 031 款（占比 41.73%），2013 年 1~3 季度该类产品发行 10 454 款，市场份额达到 47.23%，占据市场主导地位。

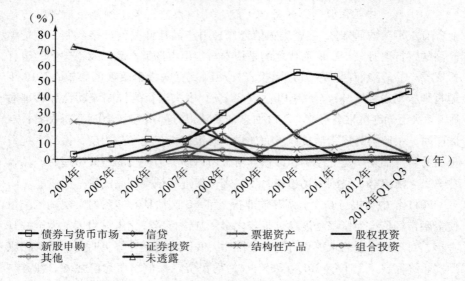

图 6.6 四川地区 2004—2013 年银行理财产品各投向发行数量占比

[资料来源] 普益财富金融数据终端（www.pywm.com.cn）（截至 2013 年 09 月 30 日）。

（七）按银行理财产品收益率考察与分析

从银行理财产品的平均预期收益率来看，2004—2013 年，各商业银行发行的理财产品预期收益率随着国际国内宏观经济形势的变化而发生变化。从 2006 年 8 月 19 日至 2007 年 12 月 21 日，中央银行 7 次上调利率 0.27%，累计上调达 1.89%，至 2008 年 9 月，银行 1 年期存款利率一直保持在 4.14%，这也是 2002 年以来我国基准利率水平的最高值。随着 2008 年 10 月国际金融危机全面爆发，中央银行在 2008 年最后一个季度 4 次下调存贷款基准利率，一年期存款利率累计下调 1.89%，基准利率经历"过山车"后重新回到 2006 年 2.25% 的较低水平。该利率水平一直延续到 2010 年 10 月。在国内经济刺激计划和宽松的货币政策下，充裕的资金面使 2009 年理财产品预期收益率水平较 2008 年整体回落且处于较低水平。见图 6.6 和表 6.12。

表 6.12　四川地区 2004—2013 年银行理财产品各投资期限季度平均收益率

单位:%

投资期限	超短期	短期	中期	中长期	长期	无固定期限	总计
2004-Q1	—	—	—	—	3.44	—	3.44
2004-Q2				2.15	6.70		6.39
2004-Q3	—	2.00	2.05	2.08	4.93	—	4.26
2004-Q4	—	3.17	2.31	2.74	5.07	—	3.77
2005-Q1	1.80	2.29	2.48	2.88	3.58		2.87
2005-Q2	2.20	2.31	3.22	3.42	5.43	—	3.51
2005-Q3	3.60	3.27	3.24	3.60	4.32		3.48
2005-Q4	2.03	3.32	3.86	3.74	3.57		3.62
2006-Q1	2.00	3.51	3.86	4.07	4.65	—	3.92
2006-Q2	1.78	3.88	4.14	3.79	5.19	—	4.17
2006-Q3	6.00	3.54	3.90	3.57	4.34	—	3.82
2006-Q4	2.05	4.27	4.04	4.35	6.66	—	4.48
2007-Q1	2.02	4.10	3.90	5.65	7.18		5.24
2007-Q2	2.44	3.76	4.77	5.96	12.39		6.66
2007-Q3	2.56	3.68	4.43	6.84	11.43	1.85	6.25
2007-Q4	4.01	4.10	5.38	8.46	15.82	9.63	7.66
2008-Q1	3.34	4.63	5.23	6.27	15.47	1.76	5.77

表6.12(续)

投资期限	超短期	短期	中期	中长期	长期	无固定期限	总计
2008-Q2	3.16	4.34	5.46	5.82	6.29	—	5.03
2008-Q3	3.30	4.11	5.02	5.95	6.27	1.18	4.72
2008-Q4	2.61	3.41	3.97	5.02	6.14	1.80	3.64
2009-Q1	1.66	2.19	2.30	3.63	5.10	1.57	2.44
2009-Q2	1.72	1.93	2.92	3.25	4.84	2.19	2.51
2009-Q3	1.69	1.96	3.08	3.80	6.20	2.88	2.65
2009-Q4	1.85	2.39	3.09	3.97	5.92	1.74	2.98
2010-Q1	1.88	2.32	2.82	3.61	5.97	2.73	2.75
2010-Q2	2.04	2.49	3.00	3.98	6.55	2.65	2.93
2010-Q3	2.20	2.46	3.07	3.58	6.04	2.67	2.73
2010-Q4	2.56	2.79	3.35	4.02	6.15	3.06	3.10
2011-Q1	3.40	3.49	3.85	4.36	5.80	4.04	3.71
2011-Q2	3.76	3.80	4.30	4.71	6.34	4.02	4.01
2011-Q3	4.24	4.47	4.78	5.11	7.28	—	4.54
2011-Q4	4.30	4.86	5.07	5.62	6.68	3.06	4.86
2012-Q1	4.12	4.78	5.04	5.50	5.71	—	4.89
2012-Q2	3.52	4.40	4.71	5.16	6.16	3.80	4.58
2012-Q3	3.35	4.06	4.33	4.58	6.03	4.13	4.19
2012-Q4	3.41	4.14	4.25	4.51	6.20	4.30	4.21
2013-Q1	3.66	4.22	4.28	4.35	5.34	5.35	4.24
2013-Q2	3.84	4.36	4.41	4.56	5.92	4.00	4.38
2013-Q3	3.77	4.72	4.81	4.90	6.34	4.53	4.73
总计	3.31	4.14	4.30	4.73	6.85	3.02	4.19

[资料来源] 普益财富金融数据终端（www.pywm.com.cn）（截至2013年09月30日）。

　　2010年国内通货膨胀率持续上升，金融危机后我国实施的宽松货币政策导致国内主动投放了大量货币；同时美国等经济体为恢复经济推行量化宽松货币政策，导致大量国际资金通过外商直接投资或热钱形式涌入国内；全球流动性泛滥和输入性通货膨胀更是加剧了国内通货膨胀水平。2010年下半年通货膨胀率持续高企，中央银行采取数量型和价格型货币市场工具，力图降低通胀水平。在紧缩性货币政策下，市场资金成本迅速上升，人民币债券类产品平均预期收益率上涨并维持在高位。其中，1个月以下、1个月至3个月以下、3个月至6个月以下期限产品预期收益率上涨最为明显。进入2011年，通货膨胀水平不降反升，中央银行六次上调存款准备金率并三次加息，银行间市场资金紧张程度前所未有，货币市场利率高位运行，再加上房地产限购、股市低迷，大量资金涌入银行理财市场，进一步推高2011年人民币债券类产品预期收益率，这些因素共同使得2011年各期限段人民币债券类产品预期收益率全线大幅上涨，平均年化预期收益率接近或超过4.00%，尤其是在2011年半年考核的尾声，一度出现暴涨，1个月以下期限理财产品最高曾突破8.47%的年化收益率。

从银行理财产品的平均预期收益率与银行1年期定期存款的利率对比看，四川地区银行理财产品的收益率一直高于1年期定期存款利率。二者的差值在2004年第2季度达到最高值（441个基点），在2009年第1季度回落至最低值（19个基点）；平均差值为140个基点。见图6.7和图6.8。

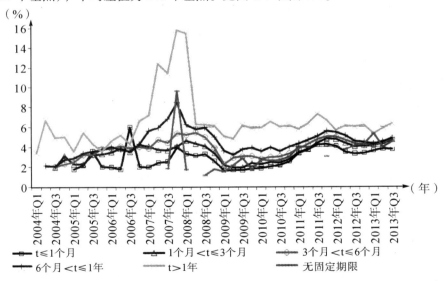

图6.7 四川地区2004—2013年银行理财产品收益率

[资料来源] 普益财富金融数据终端（www.pywm.com.cn）（截至2013年09月30日）。

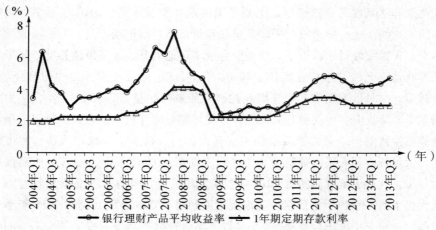

图 6.8 四川地区 2004—2013 年银行理财产品收益率与
1 年期定期存款利率

［资料来源］普益财富金融数据终端（www. pywm. com. cn）（截至 2013 年 09 月 30 日）。

第三节 四川省家庭财产性收入现状及其增长趋势

一、中国城镇居民人均收入增长情况

表 6.13 数据显示：中国家庭收入存在着明显的地区差距，全国家庭户均收入为西部地区户均收入的 1.9 倍，即西部家庭户均收入仅为全国平均水平的 53.8%，家庭收入存在着明显的梯度差距。一种可能的原因是，因家庭工资性收入（人力资本收入）水平与经济发展水平高度相关，西部家庭户均工资性收入明显低于全国户均工资性收入；另一种可能的原因是，在户均工资性收入相同或者差距不大的情况下，西部家庭的户均财产性收入水平明显低于全国水平。或者二者兼有。

表 6.13　　　　　　　　　　中国家庭户均收入比较表　　　　　　　单位：元

地区	户均收入	收入中位数
西部	31 854	20 100
全国	59 147	27 900
全国/西部	1.9	1.4

［资料来源］杭州生活通、CHFS。

表 6.14 数据显示：中国家庭总资产存在着明显的地区差距，全国家庭户均总资产明显高于西部地区家庭，为西部家庭户均总资产的 5 倍，西部家庭户均总资产明显偏低，仅为全国平均水平的 20%，在其他条件相同的情况下，制约着西部家庭财产性收入的增长。一种可能的情况是，在综合资产收益率相同或基本相同的情况下，西部家庭因资产总量较低，致使家庭户均财产性收入较少；另一种可能的情况是，西部家庭除了户均资产总量较小、资产市场参与率较低外，西部地区资产市场的资产综合收益率明显低于全国水平，致使西部家庭的财产性收入明显低于全国。

表 6.14　　　　　　　　　中国家庭户均总资产比较表　　　　　　单位：元

地区	总资产值	总资产中位数
西部	237 854	112 900
全国	1 191 186	191 700
全国/西部	5.0	1.7

［资料来源］杭州生活通、CHFS。

二、四川省城镇居民人均财产性收入增长情况和变化趋势

表 6.15 数据显示：

（1）四川地区人均总收入呈逐年增长的趋势。城镇居民人均总收入从 2003 年的 7 488.50 元增长到 2012 年的 22 328.30 元，增长了 198%，年均增长 22%，人均总收入增长率高于同期国内生产总值（GDP）的增长率。

（2）四川地区城镇居民人均财产性收入呈逐年增长的趋势。城镇居民人均财产性收入从 2003 年的 183.50 元增长到 2012 年的 633.80 元，增长了 245%，年均增长 27%。这不仅明显高于同期国内生产总值（GDP）的增长率，而且也高于同期人均总收入增长率，表明家庭财产性收入增长对人均总收入增长的贡献度有逐步提高的趋势，已经逐步成为家庭总收入增长的重要因素之一。

（3）四川地区城镇居民人均财产性收入虽然增速较高，但基数较低，而且占人均总收入的比重较低。2012 年城镇居民人均财产性收入仅占人均总收入的 2.8%，仍未成为家庭总收入增长的主要因素，有较大的提升空间。具体情况见图 6.9 和图 6.10。

表 6.15　　　　　四川省 2004—2013 年城镇居民人均收入情况　　　单位：元

指标 年份	城镇居民 人均可支配 收入	城镇居民 人均总收入	城镇居民 人均工资性 收入	城镇居民 人均经营 净收入	城镇居民 人均财产性 收入	城镇居民 人均转移性 收入
2003 年	7 041.90	7 488.50	4 910.80	351.10	183.50	—
2004 年	7 709.90	8 261.40	5 461.40	439.30	197.40	2 163.50
2005 年	8 386.00	9 003.60	5 838.30	515.50	211.40	2 438.40
2006 年	9 350.10	10 117.00	6 676.00	644.00	260.20	2 536.80
2007 年	11 098.30	12 009.80	8 147.30	755.20	297.50	2 809.80
2008 年	12 633.40	13 685.10	9 117.00	1 040.10	262.90	3 265.10
2009 年	13 839.40	15 323.80	10 132.10	1 132.10	305.40	3 753.80
2010 年	15 461.20	17 128.90	11 310.70	1 198.70	378.10	4 241.40
2011 年	17 899.10	19 688.10	12 687.30	1 670.50	523.20	4 807.10
2012 年	20 307.00	22 328.30	14 249.30	2 017.80	633.80	5 427.30

［资料来源］国家统计局（截至 2013 年 12 月 31 日）。

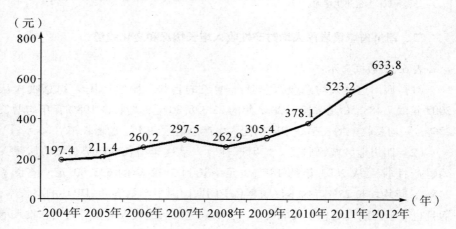

图 6.9　四川地区 2004—2013 年城镇居民人均财产性收入

［资料来源］国家统计局（截至 2013 年 12 月 31 日）。

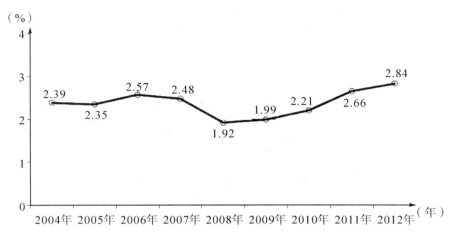

图 6.10　四川地区 2004—2013 年城镇居民人均财产性收入在总收入中的占比

[资料来源] 国家统计局（数据截至 2013 年 12 月 31 日）。

图 6.9 数据显示：四川地区人均财产性收入的绝对值有逐年增加的趋势，与区域经济发展水平正相关。从人均财产性收入增长幅度来看，2005 年以前，增长速度较慢，仅增长 7.5%左右，低于同期国内生产总值增长率。可能的原因是：一是 2005 年以前，家庭财产总量较小或者根本没有多少财产，缺少了财产性收入增长的来源；二是四川地区资产市场的综合收益率较低，实物资产价格涨幅较小，金融市场缺少高收益的金融资产，如银行理财产品、信托计划等，家庭财产性收入的来源仅为银行储蓄存款利息收入，因而财产性收入增速较低。从 2006 年开始，除 2008 年国际金融危机导致国内宏观经济增速放慢，资产市场价格波动较大，影响了家庭财产性收入增长外，四川地区人均财产性收入均保持了年均两位数的增长速度，进入了高速增长阶段。从 2009 年至今，城镇居民人均财产性收入增幅均高于城镇居民人均总收入增幅，尤其是在2011 年，城镇居民人均财产性收入年同比增长 38.38%。这一时期，中国资产市场的主要特征是：

（1）实物资产市场尤其是房地产市场的价格走势进入了一个快速增长的时期，尽管政府出于舆论与整体风险的考虑，出台了诸多的旨在控制房价增长过快的政策措施，但房价的走势依然强劲，居高不下，尚未出现下降的趋势。

（2）金融理财产品不断丰富，且存在着明显的套利机会，如银行理财产品、信托产品、券商集合资金理财计划、互联网金融理财产品等大规模兴起与快速发展，为家庭金融资产组合调整提供了良好的市场基础，一定程度上提高了家庭财产性收入增长的速度。如图 6.11 所示。

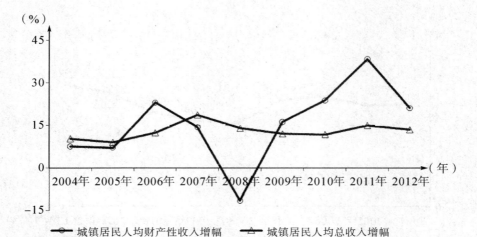

○—— 城镇居民人均财产性收入增幅   △—— 城镇居民人均总收入增幅

图 6.11   四川地区 2004—2013 年城镇居民人均财产性收入、总收入年同比增幅

［资料来源］国家统计局（截至 2013 年 12 月 31 日）。

三、四川省银行理财产品市场与家庭财产性收入增长的相关性

表 6.16 数据显示：

（1）四川地区银行理财产品市场虽然发展速度较快，但呈现出明显的波动性。银行理财产品发行数量增速从 2005 年的 246.28% 下降到 2012 年的 48.85%，其间虽有波动，但增速明显低于全国水平。

表 6.16   四川省 2004—2012 年理财产品发行数量增幅与
家庭财产性收入增幅   单位:%

指标	2004 年	2005 年	2006 年	2007 年	2008 年	2009 年	2010 年	2011 年	2012 年
理财产品发行数量同比增幅	—	246.28	61.81	165.04	176.07	3.37	64.02	111.12	48.85
城镇居民人均财产性收入同比增幅	7.57	7.09	23.08	14.34	−11.63	16.17	23.80	38.38	21.14

［资料来源］国家统计局、普益财富金融数据终端（截至 2013 年 09 月 30 日）。

（2）城镇居民人均财产性收入同比增幅与理财产品发行数量同比增幅呈现出一定的相关性，特别是 2010 年以后，相关性更加明显。其间需要解释的年份有：2008 年四川地区银行理财产品发行数量同比增幅为 176.07%，而城镇居民人均财产性收入同比增幅却为−11.63%，出现了明显的负相关现象。可能的解释是，银行理财产品收益占家庭人均财产性收入比重较低，实物资产收

益占家庭人均财产性收入比重较高，而 2008 年因国际金融危机，中国宏观经济增速下滑，实物资产收益率下降过大等，导致家庭财产性收入不升反降。此外，2005 年四川地区银行理财产品发行数量同比增幅为 246.28%，而城镇居民人均财产性收入同比增幅仅为 7.09%，出现了明显的不相关。可能的解释是，因四川省家庭财富水平总体较低，银行理财产品市场的门槛（人民币 5 万元）将大部分普通家庭挡在了市场之外，制约着居民人均财产性收入的增长。

（3）在大部分年份里，四川地区城镇居民人均财产性收入同比增幅均明显低于银行理财产品发行数量同比增幅。原因之一可能是，普通家庭因财富水平、金融意识以及金融市场的信息不对称，导致四川地区普通家庭的金融市场参与度较低，明显低于全国平均水平。具体情况见表 6.17。

表 6.17　　　　　　**中国家庭金融市场参与度比较**　　　　　单位：%

指标	全国	西部
银行存款市场参与率	60.9	49
股票市场参与率	8.8	3.3
基金市场参与率	4.2	2.85
金融理财市场参与率	1.1	0.45
债券市场参与率	0.8	0.7

［资料来源］杭州生活通、CHFS。

第四节　推进区域性银行理财产品市场发展的政策建议

一、中国区域性商业银行理财展业现状与分析[①]

中国城市商业银行的大规模出现归因于经济快速发展和金融体制改革。历史上看，目前相当数量的城市商业银行的前身是城市信用合作社。20 世纪 90 年代初期，伴随着经济体制改革的深入发展，拉开了中国金融体制改革的大幕，金融交易市场化和金融机构商业化改革被认为是当时金融体制改革的两条主线。在此期间，除了出现诸如商业银行、证券公司、信托投资公司和保险公司等金融机构外，中国城市中如雨后春笋般出现的城市信用合作社可能是当时

---

① 孙从海. 城市商业银行理财业务展业策略分析 [J]. 西南金融，2012（4）.

最具特色的金融机构创新之一，在推动 20 世纪 90 年代中国城市经济高速增长方面发挥了不可替代的作用。令人遗憾的是，由于改革初期经济发展环境的复杂性、金融机构内生的脆弱性以及市场经济条件下金融监管经验的缺失等因素，城市信用合作社的经营风险在 20 世纪 90 年代后期集中爆发。合乎逻辑的结果是，为避免金融风险的传导，各级政府在为此付出相当大的成本后，"一刀切"式地关闭了几乎所有的城市信用合作社，曾经风光一时的城市信用合作社从此退出了历史舞台。

于今来看，近年来数量增长最快的金融机构当属城市商业银行（目前已经超过 150 家），被视为中国金融市场最具活力的城市商业银行群体，从中依稀还可以见到当年城市信用合作社矫健的身影。我们需要思考的问题是，作为中国金融市场上的新生力量，城市商业银行会对中国金融市场产生怎样的影响，应当如何借鉴历史的经验与教训，最快、最有效地形成自身的核心竞争力，以期同历史形成的国有大型商业银行同台竞争，改变中国金融市场的非完全竞争格局，提高金融市场的效率。本部分我们选取代表商业银行经营模式转型方向、起点差距较小和城市商业银行最有机会胜出的理财业务作为考察的样本，近距离地观察与思考城市商业银行的市场地位和机会，以期发现某些结论以及城市商业银行理财业务的展业方向与策略。

（一）商业银行理财产品的市场结构

作为近年来最具金融创新本土化特征的中国银行理财产品市场，其兴起与发展呈以下主要特点：

（1）银行理财产品发行数量与规模呈爆发式增长。在经过 2004 年和 2005 年市场"预热"后，2006—2013 年各年理财产品发行数量均保持较高的增长速度，反映中国家庭对银行理财产品的需求旺盛，市场规模不断扩大，2013 年银行理财产品募集规模已超过 60 万亿元人民币，市场存量规模已超过 10 万亿元人民币，已经成为中国金融市场的主流理财产品。

（2）随着中资商业银行财富管理水平的逐步提高，其市场份额逐步上升，外资银行在传统理财领域中的优势已经失去，中资商业银行已经成为银行理财产品发行的绝对主力。

（3）城市商业银行（2006 年）和农村信用合作社（2007 年）这类弱势主流金融机构理财业务起步较晚，同国有商业银行和股份制商业银行相比，市场份额较小、发展速度较慢并且极不稳定，其财富管理水平有待提高。具体数据见表 6.18。

表 6.18　　　　　　　　银行理财产品发行数量一览表①　　　　　　单位：款

年份	国有控股商业银行	股份制商业银行	城市商业银行	农村商业银行	农村信用合作社	外资银行	合计
2004 年	11	106	7	——	——	3	127
2005 年	207	330	35	——	——	58	630
2006 年	354	566	258	——	——	100	1 278
2007 年	830	1 052	565	10	——	459	2 916
2008 年	1 582	3 582	1 285	88	13	757	7 307
2009 年	2 421	4 070	1 209	130	3	851	8 684
2010 年	4 129	5 231	1 988	238	41	1 847	13 474
2011 年	8 009	9 558	4 791	595	77	1 565	24 625
2012 年	11 211	13 308	8 800	1 958	20	1 352	36 649
2013 年	14 123	15 334	14 249	2 931	52	1 243	47 932

［资料来源］普益财富金融数据终端（www. pywm. com. cn）。

（二）城市商业银行理财产品的主要特点

1. 发行银行众多，理财业务竞争趋于激烈

2013 年城市商业银行共发行银行理财产品 14 249 款，市场占比 29.73%，在银行理财产品市场上已经和国有控股商业银行、股份制商业银行"三分天下"。一方面，说明银行理财产品市场的竞争程度日趋激烈；另一方面，说明城市商业银行与资产规模、资本规模、理财产品研发能力远强于自己的国有商业银行和股份制商业银行相比，理财业务水平仍处于弱势地位。主要特点如下：

（1）城市商业银行理财业务起步较晚，但增长较快，表明城市商业银行在竞争的压力下，经营模式开始转型；

（2）尽管城市商业银行理财产品发行的增速较快，但理财产品发行数量与规模的市场占比均没有显著提高，表明城市商业银行在资源的约束下，其理财产品的市场竞争力在下降；

（3）城市商业银行理财产品发行规模的下降速度超过其发行数量的下降

---

① 本书使用的数据均来源于西南财经大学信托与理财研究所、普益财富的不完全统计。由于目前各理财产品发行机构的信息披露尚不完全，统计数据可能存在遗漏或不够准确，由此得出的某些结论也可能存在偏差或错误。本书力求保证数据的完整性与准确性，但结论的正确与否与统计机构无关，概由笔者负责。数据统计区间均为：2004 年 1 月 1 日至 2013 年 12 月 31 日。

速度，表明单只理财产品的发行规模下降；

（4）区域发展不平衡，市场发展空间较大。参与发行银行理财产品的城市商业银行中，中西部地区仅有包括成都银行、南充银行、德阳银行等在内的17家城市商业银行，发行机构数量比京津、长三角和珠三角地区少得多。可见中西部地区城市商业银行的理财业务仍有较大的发展空间。具体数据见表6.19。

表 6.19　　　　　　城市商业银行理财产品发行数量与市场占比表

年份	城市商业银行理财产品发行数量（款）	银行理财产品发行总量（款）	市场占比（%）
2004 年	7	127	5.51
2005 年	35	630	5.56
2006 年	258	1 278	20.19
2007 年	565	2 916	19.38
2008 年	1 285	7 307	17.56
2009 年	1 209	8 684	13.92
2010 年	1 988	13 474	14.75
2011 年	4 791	24 625	19.46
2012 年	8 800	36 649	24.01
2013 年	14 249	47 932	29.73

［资料来源］普益财富金融数据终端（www.pywm.com.cn）。

2. 理财产品风险较低，适宜风险厌恶型投资者购买

总体上看，与其他类型的商业银行相比，城市商业银行的理财产品在设计方面明显趋于稳健，有近40%的理财产品集中于保证收益型和保本浮动收益型等低风险理财产品上。此种现象的出现，可能是因为受城市商业银行理财产品投资标的、需求人群和理财产品研发能力等方面的约束，风险水平相对较高的非保本浮动收益型等结构性理财产品较少出现。其主要特点如下：①城市商业银行发行的保本收益型和保本浮动收益型理财产品的市场占比均超过了股份制商业银行，表明其理财产品偏于稳健，产品风险相对较小，基础资产多是债券、货币市场和信托贷款等风险较低的金融资产；②非保本浮动收益型理财产品的市场占比明显低于股份制商业银行，一方面表明城市商业银行发行的理财产品趋于稳健，另一方

面表明其产品研发能力和资产管理能力较弱。具体数据见表6.20。

表6.20　　　　城市商业银行与股份制商业银行理财产品比较表

类型	城市商业银行理财产品发行数量（款）	所占比例（%）	股份制商业银行理财产品发行数量（款）	所占比例（%）
保证收益型	5 179	15.77	7 451	14.48
保本浮动收益型	6 985	21.27	7 014	13.68
非保本浮动收益型	20 672	62.96	36 985	71.84
合计	32 836	100	51 450	100

［资料来源］普益财富金融数据终端（www.pywm.com.cn）。

3. 理财产品预期收益率相对较高，具有一定的价格竞争优势

数据显示，虽然城市商业银行在理财产品创新能力、风险管理能力等方面仍处于弱势地位，但在银行理财产品预期收益率方面具有一定的竞争优势，尤其是在信贷资产类、人民币债券和货币市场类理财产品发行领域，其收益优势较为明显，其理财产品平均收益率均明显高于其他商业银行发行的同类型理财产品（具体数据见表6.21和表6.22）。此现象是约束条件下城市商业银行理财业务展业的最优选择。一方面，城市商业银行受历史、资本和人员等因素约束，多采用理财产品价格为竞争的主要手段，虽然短期内可能会对利润指标产生一些负面影响，但仍不失为扩张其理财产品市场份额且成本最小化的路径选择；另一方面，在信用水平、品牌影响、网点分布均处于弱势地位的情况下，城市商业银行在理财业务展业的初期，发行预期收益率较高的银行理财产品，仍不失为风险与收益权衡之下的"突围"方式。

表6.21　　　　商业银行信贷类理财产品收益对比表

期限范围	城市商业银行		其他商业银行	
	产品数量（款）	平均收益率（%）	产品数量（款）	平均收益率（%）
3个月以下	207	4.132 8	1 881	2.948 5
3个月至6个月以下	316	4.434 9	1 995	3.842 0
6个月至1年以下	698	4.694 6	323 4	4.584 2
1年以上	156	5.403 7	385	5.264 8
无固定期限	1	—	18	3.2767

［资料来源］普益财富金融数据终端（www.pywm.com.cn）。

表 6.22　　　　　商业银行人民币债券类理财产品收益对比表

期限范围	城市商业银行		其他商业银行	
	产品数量（款）	平均收益率（%）	产品数量（款）	平均收益率（%）
1 个月以下	2 389	3.717 0	6 668	3.273 6
1 个月至 3 个月以下	9 171	4.527 1	20 321	4.317 2
3 个月至 6 个月以下	4 900	4.690 3	7 062	4.540 0
6 个月至 1 年以下	1 900	4.880 0	2 843	4.639 4
1 年以上	113	5.420 1	227	5.229 6
无固定期限	50	3.742 0	103	2.806 7

［资料来源］普益财富金融数据终端（www.pywm.com.cn）①。

4. 外币理财产品发行数量较少，但预期收益率明显高于其他发行银行

城市商业银行的外币理财产品主要集中在债券和货币市场类理财产品，除了 587 款美元理财产品外，其他币种的理财产品均不超过 100 款。虽然外币债券市场类理财产品的预期收益率明显高于其他发行银行，但因发行数量较少，尚不能完全判断城市商业银行的外币资产管理能力。造成这一现象的原因可能是：首先，部分地区尤其是对外交往不发达地区的投资者对外币理财产品需求较小，因此城市商业银行没有发行外币理财产品的激励；其次，城市商业银行自身外币头寸较少，导致部分地方银行间外币拆借市场交易并不活跃，从而阻碍了外币债券和货币市场类理财产品的发行。见表 6.23。

表 6.23　　　　　外币债券市场类理财产品币种收益对比表

币种	城市商业银行		其他商业银行	
	产品数量（款）	平均收益率（%）	产品数量（款）	平均收益率（%）
美元	820	2.888 7	2 728	2.705 9
澳元	30	5.843 3	1 501	4.587 8
港元	49	2.871 8	1 331	2.265 5
欧元	36	3.271 9	1 247	2.248 6

① 数据统计区间为：2004 年 1 月 1 日至 2013 年 12 月 31 日。

表6.23(续)

币种	城市商业银行		其他商业银行	
	产品数量（款）	平均收益率（%）	产品数量（款）	平均收益率（%）
英镑	26	2.684 6	326	2.095 9
加元	—	—	69	0.740 7
日元	—	—	252	1.642 3

［资料来源］普益财富金融数据终端（www.pywm.com.cn）。

（三）城市商业银行理财业务的展业策略

1. 理财产品差异化，提升城市商业银行的品牌价值

理论上讲，在一个垄断竞争的市场结构里，商业银行提供的金融产品可以收取边际成本之上的价格加成，有某种程度上的市场势力或定价能力，可以获取一定程度上的垄断利润。但其必要前提条件是：单个城市商业银行提供的理财产品与其他商业银行提供的理财产品在风险与收益的组合上有明显的差异。

（1）储蓄存款利率无差异约束商业银行的品牌价值创造。一般来说，一家银行的品牌区别于其他银行品牌的主要标志是其信用水平的高低，是要向市场传递其经营业绩优劣的市场信号。信用水平较高的银行，其融资的成本就会较低；反之，融资成本就相对较高。在一个以国家信用为隐性担保和缺乏有公信力的信用评级机构的情形下，银行信用水平的高低则无法识别，存款利率整齐划一。因此，在利率非市场化的前提下，中国的商业银行尚无法利用其存款类金融资产来创造自己的品牌价值。

（2）发行银行理财产品是城市商业银行实现金融产品差异化的有效途径。理财产品差异化的主要特征包括：①理财产品收益与风险的差异化。在风险水平相同的情况下，收益水平较高的理财产品被视为占优的金融产品；在收益水平相同的情况下，风险水平较低的理财产品被认为是占优的金融产品。按照风险与收益相对称的基本原理，可以说理财产品不存在优劣的严格区分，只能说是否与理财产品购买者的风险偏好相匹配，关键是金融产品的风险与收益要对称。这就部分地解释了为何目前中国的银行存款利率整齐划一，银行存款收益水平无差异，根本原因在于银行的信用水平无差异。因此，目前情形下，中国的银行机构品牌塑造的最优选择是开展理财业务，发行有别于其他银行的理财产品，从理财产品收益与风险最优组合的角度打造自己的品牌。②理财产品名称差异化。诸如，汇丰银行的"卓越理财"、花旗银行的"贵宾理财"、渣打银行的"优先理财"、招商银行的"金葵花理财"、光大银行的"阳光理财"、

中国银行的"中银理财",等等。需要指出的是,理财产品名称差异化是一把"双刃剑",一方面便于理财产品购买者记忆与识别,在其理财产品风险与收益组合长期占优的情况下,容易产生家喻户晓的广告效果,有节约发行银行品牌创造广告费用的倾向;另一方面,一旦出现了理财产品发行者不曾预料到的市场风险,其多年苦心经营的品牌价值可能就会毁于一旦,甚至于出现灾难性的经济后果。

2. 提升理财产品研发能力,加强理财产品营销系统建设

对于城市商业银行而言,由于其理财产品研究与设计能力的约束,导致发行的理财产品类型单一化。这样,一方面,无法完全满足不同风险偏好类型客户的理财需求;另一方面,在强势金融机构(国有商业银行、股份制商业银行等)同类理财产品的竞争下,城市商业银行便失去了竞争的优势,可能会导致储蓄存款搬家和客户流失的现象。因此,城市商业银行应该以自身实际状况及该地区顾客群投资特点为依据,在市场细分上进行深入研究,向本地区特定顾客群提供最具自身特点的理财产品和服务。要做到这一点,需要具备以下条件:①通过专业知识培训和引进金融高端人才,提升理财产品研发人员的专业能力。通过搜集和分析理财产品的市场信息,学习和借鉴同行业优势金融机构的经验和教训,设计具有竞争力的理财产品或代理销售其他金融机构的优质理财产品。②聘请专业理财研究机构为其理财产品进行风险与收益测评,借助独立第三方理财研究机构的专业能力和市场影响力,达到品牌效应叠加和信用增级的目的。③开发理财产品营销管理的智能化设备和软件平台,提高营销效率并组建理财产品营销合作联盟(利用区域优势相互营销合作伙伴的理财产品,或者是组团营销)等,借助外部资源进行理财产品的市场推广。

3. 以专业研究促进理财产品研发能力,以强势媒体强化市场营销

尽管城市商业银行要在短期内建立一支高水平理财产品研发团队尚存在诸多困难,但是仍然可以通过搜集和整理理财专业资讯,对理财产品市场热点与趋势进行分析与判断,通过外部采购或定制专业、权威的理财资讯数据平台,将资讯数据及研究结果分类提供给与理财业务有关的设计、管理、销售等环节的人员作为参考,以减少理财市场信息不对称引起的信息费用,快速提高理财相关人员的专业素养,提升其理财产品的研发能力。

城市商业银行除运用其理财产品的差异性创造品牌价值外,还可通过积极参与权威评级机构或强势媒体发布的诸如理财能力排名榜、理财产品评奖等公共宣传活动,以及与专业理财研究机构合作,共同进行理财市场和理财产品的深度研究,扩大其信息传播范围,提升其理财行业的市场知名度,并通过与高

净值客户的互动（理财终端平台、投资者洽谈会等），提高理财服务水平，留住优质客户资源，拓展其理财产品市场份额。

二、四川省地区性商业银行理财业务展业策略

（一）正确把握区域金融改革发展新趋势，进一步发展和完善地方性金融市场

区域金融改革是我国金融改革的一个重要方面。推进区域金融改革应坚持市场配置金融资源和服务实体经济的导向。市场经济是最具效率和活力的经济运行机制和资源配置手段，在推进区域金融改革过程中，要遵循市场经济规律，在规划设计上注重与实体经济发展需求相衔接，避免政府部门过多的干预；在制度安排上采用市场化手段，通过放宽金融市场准入，使金融要素价格市场化、金融机构退出市场化、金融市场主体选择自由化，实现金融资源优化配置。在改革目标上，要以更好地服务于实体经济发展为主线，尊重实体经济的发展需求，不能就金融论金融。推进区域金融改革发展，牢牢把握金融服务实体经济的本质要求，坚持市场配置金融资源的改革导向，让市场在资源配置中起决定性的作用，激发市场活力，推动区域经济金融健康发展。

推进区域金融改革必须立足实际、突出特色。区域金融改革不能脱离区域实际，应密切联系和服务于区域经济发展实际。区域金融改革的目的是发挥区域优势，在重要领域和关键环节首先取得突破，以此促进整体金融改革进程。区域金融改革贵在特色，这种特色来源于区域经济优势、产业优势、先发优势或者区位优势。因此，在推进区域金融改革中，必须在全局性金融体制改革的背景下，结合区域比较优势，探索错位竞争和差异化发展的区域金融改革路径。

（二）充分利用区域金融改革发展新空间，积极进行区域金融改革发展新实践

中国共产党十八届三中全会明确提出，要扩大金融业对内对外开放，在加强监管前提下，允许具备条件的民间资本依法发起设立中小型银行等金融机构；加快推进利率市场化，健全反映市场供求关系的国债收益率曲线；建立存款保险制度，完善金融机构市场化退出机制。这些重要意见在公平市场准入、完善市场定价、健全市场退出方面，为小微金融企业加速发展创造了必要条件。

发展多元化金融机构，提高金融服务区域实体经济的能力，鼓励和引导民间资本进入金融服务领域。金融领域向民间资本开放，将增强金融体系的活

力，为实体经济提供必要的竞争性金融供给，解决部分基层地区和小微企业金融服务供给不足的问题。

发展完善中介服务体系，为金融创新提供支持。中介服务机构将投融资主体、融资对象和投融资政策等紧密联系在一起，在实现资源的有效配置中发挥着重要作用。发展中介服务机构对于疏通融资渠道、深化金融创新、提高资源配置效率具有重要意义。没有中介服务体系的支持，金融产品创新、风险分担、融资机制将难以优化。因此，增强金融体系的创新活力，必须高度重视发展各种市场中介组织。当前，深化金融创新一方面需要以健全的现代产权市场体系为基础；另一方面还需要诸如资产评估、财务审计、法律咨询、投资咨询服务等中介体系的支持。应鼓励发展区域性融资辅导中心、资信评估机构、中小企业资产重组顾问中心以及专门为高科技中小企业创业融资服务的高科技企业标准认证服务机构、知识产权评估机构等，发挥它们的服务、协调、公证和监督作用。

坚持市场化导向，提高金融市场效率。促进金融更有效地为实体经济服务，关键在于让市场在金融资源配置中起决定性作用。利率是资金的价格，推进利率市场化，能够更加真实地反映资金供求关系，更加真实地反映融资成本和投资收益，金融资源配置有望进一步优化，有力支持结构调整和转型升级。

（三）细分目标市场，以客户为本

区域性商业银行应该明确客户定位，为各阶层客户搭建服务体系，深入挖掘客户资源。做好人才队伍建设，增强自主研发能力，加快个人理财业务产品设计的创新性突破，为普通家庭金融理财提供市场基础，提高消费者对产品服务的满意度。不断加快发展区域性商业银行的中间业务，明确中间业务的战略地位，把发展中间业务作为一个有特色的强有力的竞争手段和战略思维，不断壮大自身实力，增强竞争力。在理财业务方面，要真正做到以客户为本，提高市场分析能力。商业银行个人理财业务上必须有长远眼光，把客户资源和服务质量当成一种竞争手段和核心竞争力来抓，同时，商业银行要具备独特的眼光和金融市场分析能力，特别是风险评估能力和披露能力，把握市场脉络，引导个人理财客户金融行为朝着健康有序的道路发展。

（四）区域性商业银行要加强理财业务建设和管理

1. 个人理财产品品牌化建设

银行业竞争十分激烈，银行理财产品品牌化战略已经成为商业银行参与现代市场竞争的强有力手段，金融产品的品牌是银行未来可供利用的无形资产。强化品牌建设的目的是使投资者能够准确辨认本商业银行的产品和服务，并与其他产品与服务相区分，好的品牌能为理财业务的发展带来一系列正面的积极的效果。为此，当前区域性商业银行应加强个人理财品牌化建设，提高并维护品牌影响力。

2. 理财业务人才培养

高素质的理财师队伍提供给投资者的不仅仅是商业银行的金融产品，同时也提供了该商业银行的品牌形象及解决相关问题的能力。区域性商业银行可通过引进高级人才、加强培训、完善行业标准、适当提高金融理财人员的工资待遇和违约成本等方式，吸引和留住人才。

3. 银行理财产品创新

市场调查及信息分析是理财产品创新的基础，只有经过充分细致的市场调查，才能知晓客户真正的需求。当前社会知识、信息多元化，不能想当然地认为只要帮助客户获取更多的收益就能得到客户的青睐；同时，不同背景的客户对理财产品的需求也不同，因此充分调查后还要对信息数据进行科学的总结和分析，针对不同人群开发不同的产品。

跨行业合作以及深入学习总结是理财产品创新的关键。虽然分业经营、分业监管一定程度上制约了银行理财产品的创新，但区域性商业银行完全可以发挥主观能动性，加强与证券公司、保险公司、基金公司甚至于房地产公司、期货公司等投资消费品的商家和行业合作，开发出满足客户真实需求的银行理财产品。市场细分、差异化战略和个性化服务是理财产品创新的目标。有了丰富的理财产品作为基础，就能够为客户提供个性化的服务。单纯的理财产品创新不是最终的目标，而是要将创新的产品用于实践，满足不同客户的多样性需求。为此，商业银行可通过建立客户档案，对客户进行细分，针对客户的不同特点，实施差异化营销战略，实行个性化服务。

4. 讲求诚信，以客户为中心

树立以客户为中心的经营理念，做好售前、售中、售后各项服务，与客户建立良好的关系，同时让客户成为商业银行理财业务品牌的"潜在推销者"。一是主动披露相关信息。商业银行及理财销售人员有必要及时将理财业务面临的风险等如实告知客户，减少客户可能遭受的利益损害，而这在一定程度上也有利于商业银行自身的品牌塑造及风险管理；二是建设完善的售后服务体系。通过信息网络系统的支持，银行可以对客户的成本、利润和潜力加以分析，使客户的意见和需求及时传输到银行相关部门，并快速解决问题，形成有效的反馈意见。这样不仅能提高客户满意度，更有利于理财产品的创新。

大资管时代的财富管理

北京大学产业并购与股权投资基金课题组（陈中滨执笔）

2013 年 3 月 2 9 日，北京电视台旁边一个安静的小会所里，在中国地产基金百人会组织下，歌斐资本、嘉实基金、中金佳成、光大金控、越秀产业基金、稳盛资本、黄金湾集团、泓天基金、万城基金、藏山资本、中投财富资本、和君资本、富鼎和资本、九鼎基金、和灵资本、启明创投等知名投资机构济济一堂，与券商、保险、公募基金、财富管理机构热烈交流，其主题正是大资管时代的财富管理。

那么什么是大资管时代？大资管时代又与我们有什么关系呢？其实大资管时代既很复杂，又很简单，用最朴素的话来解释，就是：中国人富了，有钱了。这钱我们不能全放在银行里，存款的收益太低；也不能全去炒股票、玩期货，这些东西风险太大。那怎么办？我们要把钱投给一些专业的机构去进行财富管理，购买一些风险较低而收益较高的理财产品。现在，这些专业机构越来越多，理财产品也五花八门，管理的资产规模以十万亿、百万亿计数，这就是大资管时代。

这些专业的机构，就是资产管理机构，简称"资管"，它们包括银行、保险公司、信托公司、证券公司、期货公司、公募基金（证券投资基金）和私募基金管理公司、财富管理公司等。

一、大资管时代的核心特征

行业人士归纳了大资管时代的四大特征，如金融脱媒化、人民币国际化、金融牌照私人化和金融经营混业化。笔者认为，站在投资者的角度，他们更能直观地感受到大资管时代的两个核心特征：

大资管时代的第一个核心特征是资产管理规模庞大，并持续高速增长。美国波士顿咨询公司与中国建设银行私人银行近日发布的《2012 年中国财富报告》显示，2012 年中国私人可投资资产总额超过 73 万亿元人民币，截至 2012 年年底，可投资资产在 60 万元以上的高净值家庭数量将达到 174 万户。

截至 2012 年 12 月底，中国财富管理市场的总规模逼近 30 万亿元。其中，银行理财产品余额为 7.6 万亿元，信托资产为 7.47 万亿元，保险资产 7.35 万亿元，基金（公募+非公募）产品 3.62 亿元，券商资管产品 1.89 万亿元，各类股权投资基金和风险投资基金的总额超过 1.6 万亿元。

行业专家预测，未来10年资产管理行业会有很大的发展空间。乐观估计，未来10年有100万亿元的资金要从银行"搬家"到理财市场；即使按照最悲观的估计，理财市场也有30万亿元的新增规模；如果取一个中间值，这个规模应在50万亿~70万亿元之间，将由银行、保险、信托、证券和基金来瓜分。

　　大资管时代的第二个核心特征是理财产品"百花齐放"。2012年，我们的资本市场里，投资渠道还非常有限，投资选择空间很小；突然之间，当我们面对市场上众多的理财产品时，我们会发觉自己像进入大观园的刘姥姥一样，有点眼花缭乱，不知所措了。我们会发现券商、公募基金可以通过发行资产管理计划，进入信托、PE的领域；资产证券化可以使券商直接通过股票交易所卖产品；阳光私募不但合法化了，还可以与证券、保险一样发行公募基金。我们还发现，我们不但可以投资中国，还可以投资外国，足不出户，我们一样可以在全世界买股票、买房产、买资源。一句话，我们被簇拥在销售理财产品的"金哥"、"银姐"之中，已经搞不清楚谁在干什么，谁在吆喝什么。

　　从资产管理行业发展趋势来看，随着国家对行业管制的逐渐放松，资管行业将逐步进入进一步的竞争、创新和混业经营时代。在此基础上，多种资产管理机构相继为投资者带来了多元化的投资渠道，形成包括私募及公募基金、理财产品、信托计划、特定和专项资产管理计划、债权投资计划、私人银行财富管理、第三方财富管理、资产证券化等多元产品的格局，进一步丰富和完善中国的多层次资本市场。

　　二、大资产时代如何进行财富管理

　　党的十七大报告首次提出"创造条件让更多群众拥有财产性收入"。"财产性收入"一般是指家庭拥有的动产（如银行存款、有价证券等）、不动产（如房屋、车辆、土地、收藏品等）所获得的收入。它包括出让财产使用权所获得的利息、租金、专利收入等；财产运营所获得的红利收入、财产增值收益等。简而言之，财产性收入就是靠投资赚钱，靠钱赚钱！

　　华人首富李嘉诚说过：30岁以前靠体力赚钱，30岁以后靠钱赚钱！那么，面对繁多的理财产品，我们如何靠钱赚钱，并创造出符合我们自身需求的投资组合呢？

　　财富管理是一个复杂的系统工程，但如果单纯从理财的角度出发，最核心的就是根据自身的风险偏好，对投资的安全性、流动性和投资回报三大要素进行排列组合。

　　首先，投资人要加强学习，提高风险防控意识。任何投资都有风险，而不投资，资产贬值的风险更大。我们的风险防控不是绝对地规避风险，而是根据我们的承受力，寻找风险和收益的平衡点。

其次，投资人要关注流动性，也就是理财产品的投资周期。银行存款、股票、银行理财属于高流动性产品，随时可以转变为现金。而一些创投基金、PE基金的投资周期较长，如"5+2"（5年封闭期、2年赎回期），"4+3"（4年投资期、3年退出期）等，当处于封闭期和投资期时，上述基金产品是不能退出的，而目前基金份额转让市场又不成熟，因此，投资周期较长的产品要更慎重。

再次，投资人当然要关注投资回报和收益。不同的理财产品有不同的投资回报，高回报并不一定意味着高风险，但如何筛选是一个较为专业的问题。

最后，每个人都有最适合自己的投资组合。笔者根据安全性、回报率，对市场里现有和新兴的理财产品进行了一个初步分类：

低风险、低回报产品：国债、银行存款、银行理财等；

较低风险、中等回报产品：信托、上市公司保底定向增发产品、可转债（尚未推出）、资产证券化产品（公募）、公募基金资管计划、券商资管计划等；

较高风险、中等回报产品：中小企业私募债等；

中等风险、较高收入产品：房地产基金、另类投资、债券基金、PE等；

较高风险、较高收入预期的产品：天使投资、创业投资、关注新三板的基金等。

结语：

大资管时代到来，我们将面临一个理财产品丰富的世界，愿您用乐观但谨慎的心去迎接这个时代，用财富让生活更轻松！

［资料来源］陈中滨. 大资管时代的财富管理［J］. 创新时代，2013（7）.

参考文献

1. 刘兆征. 我国居民财产性收入分析及增加对策［J］. 经济问题探索，2009（7）.

2. 何丽芬. 家庭金融研究的回顾与展望［J］. 科学决策. 2010（6）.

3. 孙元欣. 我国居民家庭资产的统计框架构想［J］. 统计与决策，2007（3）.

4. 易宪容. "影子银行体系"信贷危机的金融分析［J］. 江海学刊，2009（3）.

5. 董云，史久航. 财富管理与服务创新［J］. 经济技术协作信息，2010（5）.

6. 陈剑，张晓龙. 影子银行对我国经济发展的影响——基于2000—2011年季度数据的实证分析［J］. 财经问题研究，2012（8）.

7. 曾国安，冯涛. 银行所有权结构对银行道德风险的影响［J］. 财经科学，2004（2）.

8. 夏荣静. 增加我国居民财产性收入的研究综述［J］. 经济研究参考，2010（66）.

9. 巴曙松. 加强对影子银行系统的监管［J］. 中国金融，2009（14）.

10. 莫易娴. 财产性收入的文献综述［J］. 华北金融，2011（11）.

11. 杨旭. 中国"影子银行"的产生、发展和影响［J］. 中外企业家，2012（1）.

12. 武燕玲. 中小城市居民财产性收入研究——以安阳市为例［J］. 商业经济，2010（22）.

13. 刘兆征. 关于山西居民收入差距拉大的思考［J］. 经济问题，2007（12）.

14. 邸晶鑫. 现阶段如何创造条件提高居民财产性收入［J］. 兰州学刊，2009（5）.

15. 陈昕，蒋群星. 网络金融对当前中国金融体系的影响 [J]. 南方金融，2010 (3).

16. 施峥嵘. 我国商业银行财富管理业务发展策略研究 [J]. 新金融，2007 (11).

17. 姚佳. 家庭资产组合选择研究 [D]. 厦门：厦门大学博硕论文，2009.

18. 康志榕. 兴业银行财富管理业务研究 [D]. 长沙：湖南大学博硕论文，2009.

19. 冷崇总. 关于居民财产性收入差距的思考 [J]. 价格月刊，2013 (3).

20. 张光. 财富管理实践探讨 [J]. 科技信息，2009 (5).

21. 陈晓枫. 影响居民财产性收入增长的因素分析 [J]. 中国经济问题，2010 (1).

22. 徐文婷. 欧美财富管理业务发展经验借鉴 [J]. 时代金融，2010 (11).

23. 周莉萍. 影子银行体系的信用创造、机制、效应和应对思路 [J]. 金融评论，2011 (4).

24. 董文江. 增加城镇居民财产性收入问题研究 [D]. 沈阳：辽宁师范大学硕士学位论文，2012.

25. 杜春越，韩立岩. 家庭资产配置的国际比较研究 [J]. 国际金融研究，2013 (6).

26. 孙从海. 货币政策有效性与银行理财市场相关性分析 [J]. 西部经济管理论坛，2012 (2).

27. 唐路元. 按生产要素分配理论的历史考察 [J]. 兰州商学院学报，2005 (3).

28. 韩梅. 行为资产组合理论发展研究综述 [J]. 商业时代，2012 (3).

29. 程学斌，陈铭津. 城镇居民家庭财产性收入研究 [J]. 统计研究，2009 (1).

30. 吕可. 财产性收入研究进展分析与评价 [J]. 财政监督，2012 (4).

31. 胡进. 预防性动机与居民金融资产选择偏好 [J]. 理论月刊，2004 (4).

32. 赵人伟. 鼓励财产性收入是否会加大收入差距：不必担心贫富差距会加大 [J]. 党政干部文摘，2008 (1).

33. 袁贺敏. 现阶段我国居民财产性收入问题研究 [D]. 沈阳：辽宁师范大学博硕论文，2010.

34. 邢大伟. 居民家庭资产选择研究——基于江苏扬州的实证 [D]. 苏州：

苏州大学博硕论文，2009.

35. 唐泽富. 我国城镇居民财产性收入研究 ［D］. 长沙：湖南师范大学博硕论文，2009.

36. 刘楹. 家庭金融资产配置行为研究 ［D］. 成都：西南财经大学博硕论文，2005.

37. 陶莎. 教育与我国东中西部地区收入分配差距 ［D］. 南昌：江西财经大学硕士学位论文，2006.

38. 孙从海. 家庭金融资产替代与货币政策有效性——基于中国商业银行理财产品市场的考察与分析 ［J］. 南方金融，2013（1）.

39. 王聪，张海云. 中美家庭金融资产选择行为的差异及其原因分析 ［J］. 国际金融研究，2010（6）.

40. 程恩富，胡靖春，侯和宏. 论政府在功能收入分配和规模收入分配中的作用 ［J］. 马克思主义研究，2011（6）.

41. 高玉臣. 储蓄计划制定八大技巧 ［J］. 财会通讯：理财版，2008（2）.

42. 谢亮. "看清"银行理财产品 ［J］. 理财，2009（6）.

43. 靳凤娣. 我国私募基金立法现状及展望 ［J］. 江苏经贸职业技术学院学报，2011（2）.

44. 中国银行业监督管理委员会令. 中华人民共和国国务院公报，2012（29）.

45. 邱林. 别把"中国家庭财富高于美国"太当回事 ［OL］. 中国经济网，2012-07-11.

46. 胡新宇. 试论合格投资者制度对信托业的重要意义 ［J］. 华北金融，2007（5）.

47. 祥闻. 依托人民币理财产品 信托将与你不再遥远 ［J］. 上海投资，2007（5）.

48. 本刊编辑部. 创业板：站位多层次资本市场关键 ［J］. 中国科技财富，2009（9）.

49. 尚军，袁炳忠，谢栋风. 二十国集团峰会就全球应对金融危机达成多项共识 ［J］. 中国政府采购，2009（4）.

50. 姜百臣. "财富"概念释义 ［J］. 经济与管理评论，1995（1）.

51. 李勇. 银行理财产品法律性质辨析 ［J］. 中国农业银行武汉培训学院学报，2008（3）.

52. 杨溢. 现金管理首选：货币型基金 ［J］. 卓越理财，2012（5）.

53. 监管层或有意收购 P2P 平台 行业将面临优胜劣汰 [OL]. 搜狐资讯, 2013-10-09.

54. 2014 年上班族如何选择理财方式? [OL]. 中华网, 2014-03-18.

55. 范杰. 细究线上 P2P 模式 [J]. 大众理财顾问, 2013 (12).

56. 傅盛裕. "宝宝" 帮你管现金 [OL]. 和讯网, 2014-03-02.

57. 余额宝等六种现金管理工具 PK [OL]. 百度文库, 2014-02-19.

58. 孙从海. 商业银行理财与金融市场效率研究 [J]. 西南金融, 2008 (6).

59. 孙从海. 城市商业银行负债业务理财化趋势分析 [J]. 时代经贸, 2012 (6).

60. 刘永新. 我国商业银行私人银行业务发展问题研究 [J]. 经济视角, 2011 (12).

61. 陈晖. 监管力度逐渐增强下的银行理财市场发展 [J]. 银行家, 2011 (12).

62. 郭桂萍. 人民币跨境结算不等于人民币国际化 [J]. 北方经济, 2010 (5).

63. 吴泞江. 超短期理财新选择 [J]. 卓越理财, 2012 (6).

64. 李沁蓉. 浅析中国金融理财行业发展方向 [J]. 商情, 2012 (34).

65. 徐松林. 简论我国第三方理财公司的发展困境与法律规制 [J]. 知识经济, 2011 (24).

66. 张莉. 我国商业银行理财产品的收益及其影响因素分析 [D]. 北京: 对外经济贸易大学硕士学位论文, 2009.

67. 孙从海. 中国独立第三方理财服务市场发展研究 [J]. 金融理论与实践, 2001 (11).

68. 信托周刊, 2012 (90) [OL]. 中国信托金融网, 2012-09-29.

70. 普益财富. 中国第三方理财研究报告 [OL]. 互联网数据, 2011-06-20.

71. 普益财富. 我国银行理财产品创新案例系列研究——币种研究报告 [OL]. 互联网数据, 2012-11-24.

72. 孙从海. 商业银行理财产品供给行为分析 [J]. 金融与经济, 2011 (8).

73. 中央财经大学金融证券研究所课题组. 中国债券流通市场运行的实证研究——交易所债券市场与银行间债券市场的比较分析 [OL]. 互联网数据,

2013-04-28.

76. 孙从海. 城市商业银行理财业务展业策略分析 [J]. 西南金融, 2012 (4).

77. 孙从海. 城市商业银行理财: 市场结构与展业策略——基于银行理财产品数据的实证分析 [J]. 金融与经济, 2012 (2).

78. 夏海玲. 用现代市场营销思维指引商业银行个人理财业务发展 [J]. 吉林金融研究, 2011 (8).

79. 秦福川. 从一起保险案件谈受益权与继承权 [J]. 西南金融, 2012 (4).

80. 王苏民, 高歌, 田彬. 财富管理: 中国商业银行转型的战略选择——兼论我国商业银行发展财富管理业务的 SWOT 分析 [J]. 金融纵横, 2010 (1).

81. 彦明. 逆境自强——记合肥市商业银行 [J]. 银行家, 2003 (7).

82. 翟立宏, 孙从海. 普益财富: 2011—2012 年银行理财市场年度报告 [M]. 北京: 中国财政经济出版社, 2012.

83. 普益财富. 我国银行理财产品创新案例系列研究——创新背景探究 [OL]. 互联网数据, 2012-11-24.

84. 殷兴山. 贯彻三中全会精神 积极推进区域金融改革发展 [OL]. 中国金融新闻网, 2014-01-20.

85. 甘犁. 中国家庭资产状况及住房需求分析 [J]. 金融研究, 2013 (4).

86. 王柏杰, 何炼成, 郭立宏. 房地产价格、财富与居民消费效应——来自中国省际面板数据的证据 [J]. 经济学家, 2011 (5).

87. 韩超. 社会保障与家庭风险性金融资产选择行为 [D]. 北京: 对外经济贸易大学硕士学位论文, 2011.

88. 朱明宣. 凯恩斯消费理论的线性化解释 [J]. 经济视角, 2012 (3).

89. 袁贺敏. 我国居民财产性收入研究现状综述 [J]. 科技创业月刊, 2009 (12).

90. 唐海峰. 中国证券投资基金的发展问题及对策建议 [J]. 青海金融, 2007 (11).

91. LLEVELLYN D T. Financial innovation and a new economics of banking: Lessons from the financial crisis, working paper, www. esaf. org, 2010.

92. BRICKER, J, KENNICKELL, A B, MOORE, K B, SABELHAUS J. Changes in U. S. Family Finances from 2007 to 2010: Evidence from the Survey of Consumer Finances [EB/OL]. Federal Reserve Bulletin, 2012.

93. JOEL SOBEL. Information Control in the Principle—Agent Problem [J]. International Economic Review, 1993, 34 (2).

94. CHETTY R, SZEIDL M. The effect of Housing on Portfolio Choice [R]. Harvard University Working Paper, 2012.

95. GARY GORTON, ANDREW METRICK. Regulating the Shadow Banking System [R]. Connection Yale and NBER, 2010.

96. GORTON G. Regulating the Shadow Banking System [R]. Yale and NBER Working Paper, 2010.

后　记

　　由于专业背景所致，我有机会多年从事财富管理市场尤其是商业银行理财产品市场的考察与研究，因此一直以来都有一个愿望，期望将自己多年来对中国财富管理市场近距离的观察与思考、零散性的领悟以及碎片式研究成果系统性地总结一下，结集成书。本人资质愚钝，倒不奢望能够做出什么惊人的创新和成果，只是想多给自己一个学习的机会，写作的过程中与中外学界前辈们和师友们作一些心灵上的交流，多享受一次求学与知识带来的愉悦。幸运的是，2013年10月，笔者所作研究获得四川省哲学社会科学规划项目"财富管理与居民财产性收入相关性——基于四川省银行理财市场数据的考察与分析"（项目编号：SC13JR06）立项，并获得西华大学社科研究重大项目（项目编号：W13212187）的资助，算是心想事成。笔者非常感激。

　　写作历时半年之久，今天呈现在诸位读者朋友面前的这本拙作并非笔者一人之功。思考与写作的过程中得到许多朋友的无私帮助，如西南财经大学信托与理财研究所和普益财富的研究人员范杰、吴泞江、曾韵娇，西华大学经济与贸易学院硕士研究生李慧以及笔者家人的理解与支持，更有西南财经大学出版社编辑师友们一丝不苟的工作。正是他们无私的奉献与帮助，本书才得以完成，在此一并表示感谢。文责笔者自负，不涉他人。

　　由于笔者专业知识水平与资料数据等的局限，本书的某些观点和结论也许并非完全正确，也许还有某些错误和遗漏的地方，更有可能某些资料和观点的引用在本书中也没有正确标注，在此一并致歉，请各位读者朋友批评指正。

孙从海

2014年4月于西华苑